민주선생님's 똑소리나는 육아

- 우리 아이 훈육편 -

엄마들이 화내지 않고 후회하지 않는 60가지 상황별 훈육솔루션

민주선생님's 똑소리나는 육아

- 우리 아이 훈육편 -

이민주 지음

** Prologue

　　하루에도 수백 건의 상담요청이 쏟아집니다. 상담 내용의 처음은 아이 때문에 이래서 힘들고, 저래서 힘들고, 어떻게 대처를 해야 할지 모르겠다고 시작이 되지만 대부분의 끝말은 "엄마가(또는 아빠가) 너무 무지해서 아이가 그런가 봐요. 저 때문에 아이가 더 힘든가 봐요. 죄책감이 들어요..."라며 자책하는 경우가 많습니다.

　　육아를 하면서 겪는 시행착오나 어려움들은 마치 인생을 살아가면서 마주하는 문제들과 다르지 않다고 생각합니다.

　　우리의 인생도 다양한 경험을 통해 지혜롭게 해결해 나가며 성장할 수 있듯이 육아도 마찬가지입니다. 엄마가 된 것도 아빠가 된 것도 처음이고 또 할머니, 할아버지가 된 것도 처음입니다. 너무 완벽하게 잘해내려 애쓰지 않아도 됩니다.

아이는 엄마의 존재, 아빠의 존재만으로도 행복을 느낄 수 있고 안정감을 느낄 수 있습니다. 아이가 좀 더 잘 자랄 수 있도록 또 행복과 안정감을 느낄 수 있도록 육아에 대한 공부를 해야 하는 것은 맞지만, 몇 번의 실수를 한다고 해서 아이가 잘못되는 것은 아니므로 아이를 위해 지금처럼 늘 고민하고 배우고 공부하는 것만으로도 자격은 충분합니다.

책을 구성하는 과정에서 가장 중요하게 생각한 것이 바로 아이의 행동을 이해하고 적절하게 대처할 수 있는 지침을 제공해 주는 것으로 실질적인 도움을 주고 싶었습니다.

한 번에 읽어낸 것으로 끝이 아니라, 어떤 문제 상황에 따라 펼쳐서 아이의 발달에 맞게 제시된 코칭을 꾸준히 실천해 보세요. 조금씩 변화하는 아이의 모습을 관찰할 수 있을 것입니다.

이 책의 차례

PART 1 훈육 바로알기

1. 들어가기 / 14

2. 훈육의 개념 정리 / 19

3. 훈육의 적절한 시기 / 22

PART 2 훈육, 실패하지 않기 위한 9가지 지침

1. 애착 형성 시기 주양육자와 안정적인 애착 형성을 한다 / 29

2. 일관성을 유지하며 아이에게 혼란을 주지 않는다 / 34

3. 아이의 발달 시기에 따라 나타날 수 있는 행동을 인지한다 / 37

4. 훈육할 때 양육자의 감정은 배제한다 / 42

5. 다른 양육자가 훈육할 때는 개입하지 않는다 / 46

6. 훈육해야 할 상황에서 회피하지 않는다 / 49

7. 조기교육으로 인해 아이의 발달을 방해하지 않는다 / 51

8. 과한 미디어 노출은 삼간다 / 57

9. 양육자의 몸과 마음을 건강하고 행복하게 유지한다 / 61

PART 3 60가지 상황별 훈육법

I. 떼쓰는 아이 / 67
- 시기별 떼쓰는 아이 훈육
- 이유 없이 떼쓰는 아이
- 무조건 우는 아이
- 마트에서 떼쓰는 아이
- 훈육할수록 떼쓰는 강도가 심해 지는 아이

2. 공격행동 / 87
- 무는 아이
- 때리고 꼬집는 아이
- 물건을 던지는 아이
- 분노조절이 힘든 아이
- 자해하는 아이

3. 생활습관 / 107
- 배변훈련(Q&A)
- 씻는 것을 싫어하는 아이
- 약속, 규칙을 지키지 못하는 아이
- 위험한 행동을 하는 아이
- 정리정돈이 힘든 아이
- 차례를 기다리지 못하는 아이
- 청결에 집착하는 아이
- 카시트를 거부하는 아이

4. 식습관 / 145
- 간식만 찾는 아이
- 돌아다니며 먹는 아이
- 손으로 먹는 아이
- 스스로 먹지 않는 아이
- 음식, 식기류를 던지는 아이
- 편식하는 아이
- 음식을 뱉거나 입에 물고 있는 아이

5. 정서발달 / 173
- 겁이 많은 아이
- 감정 변화가 심한 아이
- 부끄럼이 많고 소심한 아이
- 분리불안이 심한 아이
- 승부욕이 강한 아이
- 자존감이 낮은 아이

6. 사회성발달 / 197
- 어린이집(기관), 새로운 환경에 적응이 힘든 아이
- 친구와 어울리지 못하는 아이
- 친구의 놀이감을 뺏는 아이
- 리더십이 부족한 아이

7. 언어발달 / 213

- 말이 늦은 아이
- 울음으로 표현하는 아이
- 발음이 좋지 않은 아이
- 말더듬는 아이
- 말대꾸하는 아이
- 거짓말하는 아이
- 존댓말이 어려운 아이

8. 학습/발달 / 243

- 학습을 거부하는 아이(한글)
- 그림책을 볼 때 집중하지 않는 아이
- 미디어 노출이 과한 아이
- 산만한 아이
- 새로운 것에 흥미가 없는 아이
- 성에 관심을 갖는 아이
- 자위하는 아이

9. 형제/자매 / 275

- 동생이 생겨서 힘든 아이
- 동생이 태어난 후 아기같이 행동하는 아이
- 동생을 괴롭히는 아이
- 동생과 함께 노는 것을 거부하는 아이
- 자주 싸우는 형제자매
- 경쟁이 심한 형제자매

10. 수면 / 299

- 재우기가 힘든 아이
- 낮잠이 힘든 아이
- 분리 수면이 힘든 아이
- 자기 전 책을 계속 보여 달라는 (요구가 많은) 아이
- 밤 기저귀를 못 떼는 아이

PART 1
훈육 바로알기

1. 들어가기 / 14
2. 훈육의 개념 정리 / 19
3. 훈육의 적절한 시기 / 22

PART 1
훈육 바로알기

1. 들어가기

육아는 일단 엄마가 아이를 낳는 순간부터 절대 피해갈 수 없는 일입니다. 그리고 내 자식을 키운다는 것, 육아를 한다는 것은 그 어떤 일보다 중요하지만 내 뜻대로 되지 않을 때가 훨씬 많습니다.

아동학을 전공하면서 특히 아동발달에 관해 연구하고 아이를 양육하는 부모를 대상으로 교육하고자 준비하는 과정에서 이론적 지식이 많은 육아 전문가라고 하더라도 실제 현장에서 아이들을 경험하지 않고는 실질적인 도움을 주기가 어렵다는 판단이 들었습니다. 그래서 '많은 아이들을 보육하는 현장에서 아이들과 함께 지내보자. 그리고 실질적으로 도움이 되는 제대로 된 부모교육을 해 보자'라는 결심을 하고 보육현장에서 근무를 시작했습니다.

보육체계가 확실하게 구축된 재단소속 직장보육시설에서 근10년을 근무하면서 1~7세 아이들과 하루 12시간씩을 함께 보내며, 발달시기에 따라 보일 수 있는 문제행동 유형과 그에 맞는 대처법, 다양한 기질의 아이들이 보이는 행동은 물론, 발달이 늦은 아이를 도울 수 있는 접근법과 놀이를 통한 학습에 관한 교육연구를 할 수 있었습니다.

그리고 아이를 키우는 양육자와 끊임없이 소통하며 함께 울고 웃는 시간들 속에서 늘 '아이의 입장에서 바라보고 조금만 방향을 바꿔 배려해 보면 육아가 훨씬 쉬울 텐데, 조금만 아이의 발달수준에서 긍정적으로 볼 수 있다면 아이의 행동이 더 잘 보일 텐데...' 하는 안타까운 마음이 자꾸 커져갔습니다. 그리하여 퇴사(2019년) 후 본격적으로 '이민주 육아상담소'를 운영하며 온오프라인으로 더 많은 양육자들을 더 가까이 만나며 부모교육에 동참하게 되었습니다.

벌써 십여 년이 다 되어 가지만 아직도 마음에 남는 여자아이가 있습니다. 저와 처음 만났을 때 아이의 나이는 4살이었는데 또래보다 전반적으로 발달이 빠른 편이라 말도 잘하고 인지도 빨라 굉장히 똑똑했습니다. 그러나 늘 공격적인 눈빛과 까칠한 말투에 방어적인 태도를 보이며 예민했습니다. 그러다 보니 선생님들도 당연히 힘들어했고, "귀엽다.", "예쁘다.", "잘했다." 보다는 "조금만 더 친절하게 이야기 해 줄래?", "친구한테 그러면 안 돼!"라는 훈육의 상황이 계속 이어졌고, 아이를 양육하는 부모마저도 강하게 훈육을 하지만 감당하기 힘들어했습니다.

　친구에게 늘 공격적이고 방어적인 태도를 보이니 친구들도 가까이 가기를 꺼렸고, 아이 스스로도 다른 사람이 가까이 오는 걸 싫어했습니다. 그런데 아이를 관찰해 보면 주말을 보낸 월요일, 화요일에 가장 힘들어했고 공격적인 행동도 많이 관찰되었습니다. 발달이 빨라 충분히 대화가 되었기 때문에 저는 훈육 대신 대화를 시도했습니다. "○○아, 선생님이랑 둘이 하루에 시계 긴바늘이 2칸 움직일 때까지 나무의자에 앉아서 이야기 하는 건 어때?"라고 물으니 "싫어! 왜! 내 손 잡지 마!"라고 하더라고요. 그래서 아이가 혼자 앉아 있을 때마다 "○○아, 오늘은 기분이 어땠어? 주말 동안 재미있었던 일 있으면 선생님한테 들려 줄래?"라며 쉼 없이 대화를 시도했습니다. 그렇게 2주 동안 하루도 쉬지 않고 이야기를 건넸더니, 어느새 한 번 이야기를 시작하면 20분씩 이야기를 쏟아내는 아이의 모습을 볼 수 있었으나, 여전히 말투는 공격적이었습니다.

　그러던 어느 날 행사 준비로 바빠서 대화를 하지 못한 날이 있었는데 집에 가기 30분 전에, "선생님!" 하고 오더니 "이리 와봐! 나랑 이야기해."라며 처음으로 먼저 나무의자로 저를 데리고 갔습니다. 그러더니 "내가 기다렸지! 그런데 왜 안 왔어?"라고 물었습니다. '아, 이제 마음을 열었구나!' 반가운 생각이 들었습니다. 그래서 "○○아, 혹시 집에 있을 때나 선생님하고 친구들이랑 있을 때 어디 불편한 데 없었어?"라며 조심스레 아이 마음에 대해 질문을 해 보았습니다. 처음에는 당연히 "없어! 몰라!" 하고 고개를 휙 돌렸는데, 다음날도 또 다음날도 "오늘도 불편하거나 아픈 덴 없어?"라고 물으며 이마도 짚어 보고, 눈을 매섭게 뜨고 깜빡이는 버릇이 나타날 땐 "눈은 안 아파?"라고 물어 보고, 일과 중 소리를 많이 지르기도 해서 "목은?" 하고 물었습니다. 그 아이의 대답은 항상 "없어! 없어!"라고 했기 때문에 "다행이네."라며 가볍게 넘겼습니다.

그런데 어느 날 "선생님! 나랑 이야기할 거지?"라고 묻더니 "나, 어디 불편한지 아픈지 물어볼 거지?"라며 먼저 이야기를 꺼냈습니다. 그러더니 아이는 제 손을 가져가 이마를 짚으며 "여기 아니고…" 또 목을 짚으며 "여기도 땡이지!"라고 하더니 가슴에 대고 "나, 여기가 아팠어!"라고 이야기했습니다. 순간 심장이 철렁하면서도 한편으로는 '내가 이 일을 하길 정말 잘했다'라는 생각이 들었습니다. "○○아, 친구들한테 막 소리 지르면서 이야기하고, 선생님한테도 무서운 눈으로 쳐다보고 그랬던 게 혹시 ○○이 여기가 아파서 그랬던 거야?"라고 물으니 "이제 알았어?"라고 하며 소리를 내어 웃었습니다. 그 아이의 웃는 모습이 낯설었지만 너무 고마웠고 그동안 아이가 타인에게 공격행동을 서슴없이 하던 모습들을 떠올리며 교사도, 부모도 그 행동을 하지 못하도록 훈육하며 아이를 감당하기 힘들어했던 시간이 가슴이 아팠습니다.

곧바로 부모님과 면담을 진행했고 많은 이야기를 나누며 아이의 생활하는 환경, 양육자의 양육 태도 그리고 양육자의 기질 등의 상황을 파악했습니다.

이 아이의 엄마는 연년생으로 출산을 하면서 심신이 많이 지쳐 있었고 산후우울증도 있었는데, 둘째의 출산이 첫째 아이에게 미칠 수 있는 환경의 변화가 많이 갑작스럽고 당황스러울 거라는 불편한 마음까지 세심하게 주목하고 신경쓰는 것은 어려운 상황이었습니다. 아빠 또한 직장을 다니며 아이의 등·하원을 담당했기 때문에 오롯이 아이의 마음을 들여다 볼 여유가 없었습니다. 사실 동생이 태어난 상황은 흔하게 있는 상황이고, 그로 인한 스트레스로 공격행동을 하는 것 또한 흔하게 보일 수 있는 행동입니다.

그렇다면, 뭐가 잘못된 걸까요? 4살된 아이는 왜 스스로 마음이 아프다고 표현한 걸까요?

결론적으로 교사도 양육자도 아이의 드러난 행동만을 보고 행동에 대한 훈육만을 지속했지요. 그러나 훈육하기 전에는 반드시 양육환경과 아이의 발달수준을 살펴 아이가 왜 그런 표현을 하는지, 왜 문제행동을 하는지에 대한 원인을 파악하는 것이 중요합니다. 아이 관점에서의 불편한 감정을 이해시키지 않고, 공격행동에 대해서만 계속적으로 훈육이 이뤄진다면 아이의 스트레스는 더 악화될 것이고, 행동수정은 걷잡을 수 없이 점점 힘들어질 뿐만 아니라 결국 아이의 마음에도 상처만 깊어질 수밖에 없을 것입니다.

　교육방식과 육아에는 정답이 없다고 하지만 전문가로서 현장에서 근무하는 교사든, 아이를 양육하는 양육자든, 아이의 발달에 따라 특정 시기에 나타날 수 있는 행동, 기본적으로 알아야 할 육아 지식에 대해서는, 반드시 공부하고 인지해야만 내 아이에게 상처 주지 않는 육아를 할 수 있고, 훈육이 필요한 순간 제대로 된 훈육을 할 수 있을 것이며, 양육자 스스로도 행복한 육아를 할 수 있습니다.

2. 훈육의 개념 정리

훈육하기 전에 먼저 훈육의 정확한 의미를 알자

　훈육하기 전에 먼저 훈육의 정확한 의미를 알아두면 좋을 것같습니다. 훈육의 의미를 꼭 알아야 하는 이유는 바로 많은 양육자들이 아이를 훈육한 후에 죄책감을 갖는 모습을 보이기 때문입니다. 훈육의 정확한 의미를 알고 제대로 훈육했다면 전혀 죄책감을 가질 필요가 없습니다.

훈육의 사전적 의미는 '품성이나 도덕을 가르쳐 기름'

　'훈육'이라고 하면 일반적으로 '가르치다'라는 의미보다는 '혼내다, 꾸중하다'라는 의미로 오해하는 경우가 많습니다. 가르치는 것과 혼내는 것은 다른 의미라는 것을 알고 훈육해야 합니다.

'혼내다'의 사전적 의미는 윗사람이 아랫사람의 잘못에 대하여 호되게 나무라거나 벌주다

　모르는 것을 가르치는 것과 잘못한 것에 대해 벌을 주는 것은 큰 차이가 있습니다. 그렇다면 훈육은 부정적인 과정이 아닌 긍정적 의미로, 즉 '교육'에 한층 더 가깝다고 생각하는 것이 맞습니다.

　보통 양육자들은 아이를 양육하면서 아이가 문제행동을 보이고 힘든 상황이 닥쳤을 때 훈육을 하고 훈육이 잘되지 않으면 여러 가지 훈육법들을 찾아봅니다. 그러나 막상 훈육한 후에 "죄책감이 들어요."라는 말들을 많이 합니다. 왜 그런 마음이 드는 걸까요? 양육자가 훈육의 사전적 의미를 반드시 알아야 하는 이유가 여기 있습니다. 일단 훈육을 한 후에 죄책감이 들었다면 혹시 내가 하는 훈육에서 놓치고 있는 부분은 없는지, 방향 설정은 잘되었는지 훈육이 아닌 양육자의 화가 난 부정적인 감정을 담아 '혼내다, 꾸중하다'를 실행한 것은 아닌지 점검해 볼 필요가 있습니다.

　쉬운 예를 들어보자면, 선생님이 학생을 가르친 후에 죄책감을 느끼지는 않습니다. 가르칠 때 학생 개인의 발달과 수준, 성향을 고려해서 열심히 가르친 결과 한 번의 가르침에도 그 문제를 잘 해결할 수 있는 학생이 있는 반면, 수십 번 반복해서 알려주며 교사의 노력이 더 많이 필요한 학생도 있습니다. 그렇다고 그 교사가 화가 나서 감정적으로 학생을 교육하거나 가르치는 것을 회피한다면 유능한 교사라고 할

수 있을까요?

양육자도 마찬가지입니다. 현명한 양육자가 되기 위해서는 먼저 아이의 발달, 수준, 기질을 잘 파악해야 하고 감정을 배제하면서 수십 번 반복해서 아이에게 가르침을 줄 수 있어야 합니다. 즉, 훈육에 대한 의미를 제대로 알고 감정을 배제하고 열 번, 스무 번 가르쳐 아이의 변화되어 가는 모습을 보며 죄책감이 아닌 성취감을 느끼는 것, 그것이 바로 교육이고 '진짜 훈육'이라고 할 수 있습니다.

화를 낼 것인지, 훈육할 것인지 먼저 결정하자

아이는 아이이기 때문에 의도치 않게 잘못을 할 수도 있고, 감정 표현법을 몰라서 떼를 쓸 수도 있습니다. 마찬가지로 양육자도 사람이기 때문에 아이의 행동에 매 순간 일관성을 유지하며 감정을 통제할 수 없습니다. 엄마도, 아빠도 사람인지라 상황에 따라, 컨디션에 따라 충분히 화가 날 수 있습니다. 평소에 화가 나는 상황에 있다면 과감하게 훈육을 중단하고 아이에게 "엄마가 지금 화났어. 기분이 안 좋아. 속상해. 조금만 있다가 이야기하자."라고 해야 합니다. 그리고 훈육을 할 때는 화가 난 상태는 아니어야 합니다. 기억하세요. 훈육하기 전에 내가 화를 낼 것인지, 훈육할 것인지를 구분해야 합니다.

3. 훈육의 적절한 시기

　"훈육은 언제부터 시작해야 하나요?"라는 질문을 많이 받습니다. 이론적으로는 보통 36개월부터 시작하는 것이 바람직하다고 합니다. 사실 훈육은 앞서 개념 정리를 했던 것처럼 아이가 살아가면서 배워야 하는 기술과 도덕, 다른 사람과 어울려 살아갈 수 있는 사회적 일원으로써 지켜야 할 규칙들을 잘 지킬 수 있도록 가르치는 것입니다. 그러므로 36개월은 충분히 타인과의 소통이 가능하고 그만큼 인지발달도 이뤄진 단계입니다. 그러나 언어가 빠른 아이들은 두 돌만 지나도 문장으로 이야기하고 대화가 가능한 정도가 되고, 이미 자아가 형성되어 감에 따라 자기주장도 펼칠 시기입니다. 또한 돌 지난 아이들도 "안 돼."라는 부정의 의미를 이해하거나 순간 멈추는 모습을 볼 수 있습니다. 그리고 "잘했어."라고 칭찬하거나 웃어 보일 때 상대방의 감정과 표정을 보면서 따라 웃거나 기뻐하기도 합니다.

　신체가 발달하며 자기 몸을 가눌 수 있는 정도가 되면 그때부터 다른 사람을 때리거나 물건을 던지거나 높은 곳을 오르내리는 등 위험한 행동을 하지만, 아직 옳고 그름의 판단이 어렵고 신체 조절이 미숙하여 불안한 모습을 자주 보입니다. 그럴 때마다 양육자는 적절한 지침을 제공해야 합니다. "높은 곳은 위험해.", "때리면 안 돼! 아픈 거야.", "숟가락은 던지면 안 되는 거야."라고 훈육해야 합니다. 아이가 온전히 그 의미를 이해하지는 못하지만 그럼에도 일관되게 훈육이 이뤄져야만, 처음부터 허용되는 것과 해서는 안 되는 것을 연습할 수 있습니다. 36개월 이전까지는 무엇이든 허용되었는데 36개월이 되면서 이제 훈육을 시작하는 시기이므로 안 된다고 한다면 아이에게 큰 혼란을 줄 수 있고, 한 번 습관이 되면 잘못된 행동을 수정하기는 훨씬 더 어렵습니다. 그래서 훈육은 아이가 태어난 후부터 적절하게 이뤄질 수 있도록 해야 하는데 그대신 반드시 고려해야 할 부분이 있습니다.

영유아 시기는 아이마다 전반적인 발달속도의 차이가 굉장히 큽니다. 10개월밖에 되지 않았지만 혼자 걸을 수 있는 아이가 있는 반면, 18개월이 되어서야 걷는 아이도 있고, 두 돌이 된 아이가 문장으로 말하고 대화가 가능한 아이도 있지만, 30개월이 돼도 아직 몇 단어만 말할 수 있는 아이도 많습니다. 눈에 보이는 발달뿐만 아니라 눈에 보이지 않는 인지발달이나 정서발달 또한 속도차가 크기 때문에 훈육할 때 아이가 어느 정도까지 이해할 수 있는지, 받아들일 수 있는지를 개월 수로 판단하는 것은 큰 의미가 없습니다.

민주 선생님 Tips

'이민주 육아상담소' Part 3에서는 아이의 개월 수가 아닌 아이의 발달수준에 맞는 훈육법을 각각 제시합니다. 발달은 수용/표현언어가 어려운 씨앗 단계, 수용언어가 가능한 새싹 단계, 수용/표현언어가 가능한 열매 단계로 나눠 진행합니다. 이때 수용언어는 다른 사람의 말을 알아듣고 이해하는 것이므로 언어 발달이지만 아이의 인지발달 정도를 관찰할 수 있는 부분이기도 합니다.

그렇기 때문에 많은 양육정보지에 나와 있는 개월 수가 아니라 양육자가 먼저 실제 내 아이의 발달수준을 이해하고 그에 맞는 훈육법을 적용해 주는 것이 훨씬 효과적이고 적절합니다.

특히 훈육에서 중요한 역할을 할 수 있는 것은 언어발달입니다. 그것은 다른 사람의 언어를 이해하는 수용언어와 자기의사를 표현하는 표현언어로 나눌 수 있는데 평균적으로 얼마 간의 정도 차이는 있을 수 있으며, 때로는 6개월 지연, 12개월 지연이라는 평가를 받고 크게 충격받는 양육자들도 많습니다. 그런데 아이가 말을 트는 시기는 기저귀를 떼는 배변훈련 시기가 다르듯 아이마다 차이가 있습니다.

한 가지 팁을 드리자면, 수용언어가 가능한 아이인데 표현언어가 좀 늦어지는 아이라면 분명히 그 아이에게도 '언어폭발기'가 옵니다. 서서히 말할 수 있는 단어가 많아지는 아이들이 대부분이지만, 말을 트는 시기가 좀 늦더라도 1~2주 사이에 문장까지 말할 수 있는 아이들도 있으므로 당장 '내 아이에게 언어적으로 문제가 있는 건가?'라는 지나친 걱정보다는 '양육환경에서 충분히 언어를 촉진해 주고 있는가?'를 점검해 보는 것이 좋습니다. 영유아검진 후에 곧바로 언어치료를 시작해야 할 것인가를 걱정하는 경우가 많은데, 언어지연이라면 적절한 시기에 아이에게 언어치료를 해 주는 것도 중요하지만, 이렇게 일주일에 겨우 1~2회 40분 정도 낯선 사람들과 진행하는 치료수업보다는 일상에서 충분히 애착형성이 된 양육자가 자연스럽게 해 주는 언어촉진이 훨씬 도움이 될 수 있다는 것을 명심해야 합니다.

아무래도 모든 훈육과정이 언어로 이뤄지고 아이도 자기의사 표현이 언어로 가능해진다면 답답한 마음에 공격행동을 하거나 울음, 떼쓰는 것으로 표현하는 부분이 줄어들겠지요. 그러므로 양육자는 아이의 언어적 자극에 있어서도 훈육과 마찬가지로 태어난 직후부터 울음, 옹알이에 반응하며 열심히 자극을 줄 수 있도록 합니다.

YouTube 채널 <이민주 육아상담소> ▶
언어발달 관련해서 더 구체적인 사례는 채널 [언어발달]에서 다양한 영상들을 참조하세요.

PART 2

훈육, 실패하지 않기 위한 9가지 지침

1. 애착 형성 시기 주양육자와 안정적인 애착 형성을 한다 / 29
2. 일관성을 유지하며 아이에게 혼란을 주지 않는다 / 34
3. 아이의 발달 시기에 따라 나타날 수 있는 행동을 인지한다 / 37
4. 훈육할 때 양육자의 감정은 배제한다 / 42
5. 다른 양육자가 훈육할 때는 개입하지 않는다 / 46
6. 훈육해야 할 상황에서 회피하지 않는다 / 49
7. 조기교육으로 인해 아이의 발달을 방해하지 않는다 / 51
8. 과한 미디어 노출은 삼간다 / 57
9. 양육자의 몸과 마음을 건강하고 행복하게 유지한다 / 61

PART 2

훈육,
실패하지 않기 위한
9가지 지침

　　Part 2에서는 수많은 육아서와 영상을 통해 공부하고 실천했음에도 아이의 연령이 높아질수록 육아가 어렵고 힘들어지는 이유와, 훈육을 하면 할수록 떼쓰는 것이 심해지는 원인을 짚어 봅니다. 더불어 양육자가 양육환경에서 놓치고 있는 부분은 없는지 살펴보고, 자신의 훈육 패턴도 점검해 볼 수 있습니다. 아이가 성장하는 과정에서 문제행동을 보이는 것은 누구나 새로운 일을 할 때 시행착오를 겪는 것과 같이 지극히 정상적인 과정입니다. 이때 이 장에서 제시하는 9가지 지침을 바탕으로 육아가 이뤄질 수 있도록 한다면 오늘보다 내일 더 잘 성장해 가는 아이를 볼 수 있을 것입니다.

1. 애착 형성 시기, 주양육자와 안정적인 애착 형성을 한다

애착 형성이 잘되지 않았을 때 나타날 수 있는 문제행동 **Check!**

- ☑ 5세 이후에도 양육자가 없을 때 극도로 불안한 모습을 보일 수 있습니다.
- ☑ 사회성발달에 영향을 주어 친구와 잘 어울리지 못하고 혼자놀이를 더 선호할 수 있습니다. 단, 영아기 혼자놀이는 자연스러운 모습입니다.
- ☑ 사람을 신뢰하기가 어려워 타인에 대한 불신이 성인까지 이어질 수 있습니다.

애착 형성이란?

애착 형성은 태어나 처음으로 주양육자에게 가지는 신뢰감, 정서적 유대감입니다. 생후 3~24개월 시기 동안은 주양육자와 안정적인 애착관계가 형성되어야 합니다. 평균적으로 18개월에 낯가림과 분리불안이 절정에 이르고, 24개월이 지나면 점차 사라집니다. 이는 개인차가 있으므로 36개월까지 지속될 수 있습니다. 분리불안은 애착 형성기 때는 자연스러운 일이며, 안정적인 애착 형성이 된 후에는 사라집니다.

애착 형성 중요성

육아할 때 지켜야 할 원칙에서 애착 형성이 가장 먼저 나오는 이유는 바로 아이를 양육하며 생후 3개월, 이른 시기부터 반드시 지켜야 할 부분인데 애착 형성 시기가 지난 후 문제가 나타나기 전까지 인식하지 못하고 지나치는 경우가 많기 때문입니다. 애착 형성은 아이가 성장하는 과정에서 정서발달, 사회성발달, 자존감 등 모든 발달의 기초가 될 수 있습니다. 애착 형성만 안정적으로 잘되어도 두 돌 이후 아이의 발달과 육아, 훈육까지도 훨씬 수월해질 수 있으므로 무엇보다 안정적인 애착 형성에 신경을 써야 합니다.

애착 형성의 유형

- 안정애착 : 애착 형성이 된 양육자와 헤어질 때 힘들어하고 재회했을 때도 눈물을 보일 수 있지만 금방 진정되고 안정된 모습을 보입니다.

- 불안정/회피애착 : 낯선 환경에서 양육자와 헤어질 때 눈물을 보이지 않고 크게 관심을 두지 않습니다. 양육자가 다시 돌아와도 무시하거나 회피하는 모습을 보입니다. 이 유형의 아이들은 양육자보다는 장난감이나 타인, 다른 관심사를 통해 위안을 얻고자 합니다.

- 불안정/저항애착 : 낯선 환경에서 양육자와 헤어졌다 다시 만나면 울음을 터트리고 양육자가 안아주더라도 쉽게 진정하기가 힘듭니다. 양육자의 부재에 대해 분노할 수 있고, 감정을 스스로 조절하기 힘든 모습입니다. 심한 경우 물건을 집어 던지거나 소리를 지르고 양육자를 때리는 등 공격성을 보이기도 합니다.

애착 형성 방법

안정애착 형성을 하기 위해서는 어떻게 해야 할까요?

첫째, 아이의 울음에 민감하게 반응해야 합니다.

아이는 태어나서 어떤 메시지를 보낼 때 울음이라는 수단을 사용합니다. 아이의 신호에 잘 반응하고 수용해 주어야 합니다. 기질에 따라 울음의 강도에 차이는 있지만 가장 기본적인 것이 아이가 울 때 민감하게 반응해 주는 것입니다. 너무 반응해 주지 않는다면 불안정/회피 애착이 될 수 있습니다. 아이는 "내가 울어도 도와주지 않는구나, 내가 신호를 보내도 아무도 받아주지 않는구나."라고 느낄 수 있으니 주의해야 합니다. 단, 떼를 쓰는 울음과는 구분할 수 있어야 합니다.

둘째, 스킨십을 많이 해 주어야 합니다.

아이가 사랑받고 있음을 느끼면서 성장과정을 거쳐야 자존감도 높아지고 남에게 사랑을 줄 수 있는 사람으로 성장할 수 있습니다. 언어적인 전달도 중요하지만, 아직 언어적 메시지의 의미를 알지 못하는 단계에서는 안아 주고 뽀뽀해 주고 만져 주는 스킨십을 통해 감각적 메시지를 전달할 수 있습니다.

셋째, 그렇다고 지나치게 집착, 집중하지 않아야 합니다.

반대로 엄마가 아이에게 너무 지나치게 집중하고 의존하는 경우가 있습니다. 엄마의 불안감, 의존성은 아이에게 전이될 수 있어 불안정애착 형성 또는 분리불안의 원인이 될 수 있으므로, 아이가 성장하고 자아가 형성되는 시기에 자연스럽게 보이는 독립적인 태도를 잘 수용해 주고 적절하게 반응해 줄 수 있어야 합니다.

넷째, 부재 시 미리 알려줘야 합니다.

태어나서 처음으로 관계를 형성한 사람이 말도 없이 사라진다거나 약속을 잘 지키지 않는 것이 반복되면, 아이는 그 후 누구에게도 신뢰를 주지 못하거나 본인이 그런 사람이 될 수 있습니다. 잠깐 자리를 비우더라도 "엄마 잠깐 ~하고 돌아올게."라고 꼭 이야기해야 합니다. 그리고 "엄마가 ~하고 온다고 했지. 잘 기다려줘서 고마워." 하고 돌아온 것을 알리며 안심시켜 주어야 합니다. 그것이 반복되면 아이는 양육자와 헤어질 때 울음을 보이기는 하지만 '엄마가 온다고 했으니 반드시 올 거야'라는 믿음을 갖게 됩니다. 그러나 잠깐 한눈파는 사이에 주양육자가 사라지는 행동은 아이가 양육자와 헤어질 때 울지 않아 그 순간 잠시 어른들이 편할 수 있지만, 아이에게 불안정애착/분리불안을 강화하는 행동이 될 수 있습니다.

특히 어린이집 적응기간에 아이가 장난감을 가지고 노는 동안에 몰래 가는 부모님, 조부모님이 있는데 절대 해서는 안 될 행동입니다. 언제 어디서든 한눈파는 사이에 양육자가 사라질 수 있다는 반복된 경험으로 인해 아이는 늘 불안한 마음을 가질 수 있어요.

다섯 번째, 애착 형성 시기에는 주양육자와 애착 형성이 될 수 있도록 해야 합니다.

아이가 6개월이 되면(빠르면 6개월 이전에도 충분히 가능함) 주양육자를 알아보고 남과 양육자를 구분할 수 있습니다. 아이가 세상에 나와 가장 먼저 신뢰하는 사람이 생긴 것입니다. 이 시기에 너무 많은 양육자가 아이를 돌본다면 아이는 태어나서 첫 신뢰감이 불안감으로 바뀔 수 있습니다. 그러므로 최대한 3~24개월까지는 주양육자가 아이를 양육해야 합니다. 이때 주양육자는 부모가 아니어도 무관하므로 조부모나 전문 도우미가 아이를 양육하고 애착을 형성하더라도 죄책감을 느끼지 않아도 됩니다. 단, 이사람 저사람 자주 바뀌어 혼란을 주지 않도록 주의해야 합니다.

2. 일관성을 유지하며 아이에게 혼란을 주지 않는다

일관성을 유지하지 않은 양육환경과 양육 태도로 인해 나타날 수 있는 문제행동 Check!

- ☑ 훈육을 하면 할수록 떼쓰는 강도가 심해지는 태도를 보일 수 있습니다.
- ☑ 양육자를 대할 때 상대에 따라(할아버지, 할머니, 아빠, 엄마 등) 다른 태도를 보일 수 있습니다.
- ☑ 평소 짜증이 많거나 자기감정 조절·통제가 어려울 수 있습니다.

양육자의 일관된 태도 유지

아이를 양육하면서 양육자가 일관된 태도를 보여 주는 것은 무엇보다 중요합니다. 양육자의 기분과 컨디션에 따라 오늘은 허용하고 내일은 허용하지 않는다면, 아이는 자신의 행동에 대한 기준이 없고 양육자를 신뢰하지 못하게 됩니다. 예를 들어, 아이가 어떤 행동을 했는데 어제는 혼나지 않고 즐거웠던 기억이 있는데 오늘은 같은 행동을 했더니 안 된다고 제지당했다면 결국 어제의 기억 때문에 기분이 상하고 떼를 쓰게 될 것입니다. 비록 올바른 훈육법으로서 "위험해서 안 돼."라고 했을지라도 아이 입장에서는 "그럼, 어제는 왜 해도 된다고 했어?"라고 생각할 것이고, 이는 언어적 표현이 어려운 발달 단계라 표현은 하지 못하더라도 충분히 혼란스러울 수 있습니다. 이런 일이 반복되면 일상에서 배워야 하는 많은 것들을 놓치게 되고 아이가 행동하는 하나하나가 문제행동이 될 수 있습니다. 해서 되는 것과 안 되는 것을 제대로 훈육하기 위해서는 반드시 양육자가 명확한 기준을 제시하며 일관된 태도를 유지해야 합니다.

양육자 간 일관성 유지

요즘은 맞벌이가 많아 육아에 참여하는 양육자가 다양해지고 있습니다. 기관에 일찍 등원하는 아이도 있고, 조부모나 도우미 교사가 육아를 도와주기도 합니다. 아이 한 명을 양육하는 양육자가 많아질수록 양육자 간 협의가 잘 이뤄져야 합니다. 사람마다 가치관이 다르므로 양육하는 형태도 다를 수 있지만, 오로지 아이를 잘 키우기 위해 이해의 폭이 넓은 어른들이 서로 맞춰가는 것이 필요합니다. 자칫 잘못하면 아이는 누구와 함께 있을 때 마음대로 해도 되는지, 누구와 있을 때 허용되지 않는지 눈치를 살피기 시작할 것입니다. 그러면 아이의 습관은 엉망으로 형성될 것이고 자아가 강해진 후에는 잘못된 습관과 행동을 수정하기가 정말 쉽지 않습니다. 간혹 시부모님이 육아를 도와줄 경우 소통에 어려움이 있을 수 있는데, 이런 경우에는 아이가 다니는 어린이집이나 유치원 등의 기관에서 아이의 상담이 진행될 때 함께 참석하여 이야기를 나눈다면 훨씬 도움이 될 수 있습니다.

양육환경에서의 일관성 유지

　　마지막으로 양육환경에서의 일관성은 잘 유지되고 있는지 점검해 보아야 합니다. 아이에게 허락할 수 있는 허용 범위 내에서는 자유롭게 활동할 수 있도록 해야 합니다. 양육환경에서 안 되는 것이 너무 많으면 자연스럽게 아이가 하고자 하는 행동에 통제가 많아지게 됩니다. 하지 말아야 하는 행동에 대해 통제하고 적절하게 훈육이 이뤄지는 것은 필요하지만 과하면 오히려 아이의 자율성이나 주도성을 해칠 수 있다는 것을 명심해야 합니다. 또한 어디까지 허용해야 하는지, 어디부터 통제해야 하는지 어려워하는데, '안전'과 '건강'이 관련된 것인지를 떠올려 본다면 훨씬 판단하기 쉬워집니다. 아이가 하고 싶어서 하는 행동이 안전과 건강에 반하는 것이라면 이는 통제의 범위에 속하고, 그렇지 않다면 되도록 스스로 시도해 보고 경험해 볼 수 있도록 허용해 주는 것이 바람직합니다.

3. 아이의 발달 시기에 따라 나타날 수 있는 행동을 인지한다

아이의 발달단계를 모르고 훈육이 이뤄질 때 나타날 수 있는 문제행동 Check!

☑ 해당 발달단계에서 경험해야 할 기회를 놓쳐 발달지연이 나타날 수 있습니다. (예 : 언어가 늦다, 의사 표현을 대부분 울음으로 한다 등)

☑ 자신의 행동에 대해 부정적으로 인식하여 자신감이 없고 자존감이 낮은 모습을 보일 수 있습니다.

☑ 주도성, 자발성, 능동적인 태도보다는 소극적이고 수동적인 태도를 보일 수 있습니다.

산 넘어 산, 육아가 힘든 이유

육아가 힘든 이유 중 하나가 바로 아이의 시기에 따른 발달상황을 잘 모르기 때문입니다. 다시 말해, 아이의 발달단계를 잘 알고 있다면 육아는 훨씬 수월해질 수 있다는 뜻입니다. 아이를 키우다 보면 순간순간 '이 힘든 과정이 언제 끝날까?'라는 생각이 들기도 합니다. 그리고 아이가 하는 행동에 대해 도저히 이해가 되지 않을 때가 있습니다.

아이가 태어나면 보통 수면으로 인해 가장 먼저 어려움을 겪게 됩니다. '언제쯤 등을 대고 누워서 잘까, 언제쯤 통잠을 잘까' 시도 때도 없이 울어대는 아이 때문에 늘 수면부족에 시달리게 되고, 그다음에는 식습관으로 또 다시 고비를 맞이하게 됩니다. 뱉어내고, 물고 있고,

돌아다니며 먹으려고 하는 등 한 숟가락이라도 더 먹이고 싶은 부모의 마음도 모른 채 잘 먹지 않는 아이를 보면 속이 터집니다. 그리고 동시에 자아가 형성되기 시작하면서 본격적으로 떼를 쓰기 시작합니다. 점차 언어가 발달해 소통이 가능해지면 이제는 자기만의 논리를 펼치며 실랑이를 벌이는 일이 한두 번이 아닙니다. 이렇게 양육자라면 공감할 만한 에피소드를 줄줄이 나열할 수 있다는 것은 모든 아이들이 비슷한 시기에, 비슷한 행동을 보이는 것으로, 이는 지극히 정상적인 발달과정이라고 할 수 있습니다.

유튜브나 상담을 통해 많은 양육자의 고민을 살펴보면서 '지금 보이고 있는 문제행동은 대체로 언제쯤 보이고 언제쯤 끝난다는 것을 인지하게 되면 훨씬 마음이 조급하지 않고 스트레스도 덜 받을 것이며 좀 더 이성적으로 훈육이 가능할 텐데'라는 생각을 하곤 합니다. 이런 경우의 대부분은 아이의 문제행동이 극에 달하고 이 방법, 저 방법, 온갖 훈육법이나 대처법을 찾아본 후 상담을 받는 경우가 많습니다. 그러면 이미 양육자도 아이도 몸과 마음이 지친 상태여서 아주 작은 자극에도 크게 반응하는 악순환이 반복되고 훈육의 효과, 즉 아이의 문제행동의 수정은 더 어려워질 수 밖에 없습니다.

한발 앞서 아이의 발달상황을 예측하자

앞서 언급한 바와 같이 아이의 발달과 수준에 따라 그 시기에 보이는 행동은 대체로 비슷하게 나타납니다. 이는 그 시기에 아이가 배워야 할 '결정적 시기'라고 판단할 수 있으며, 그 행동은 양육자의 제대로 된 훈육과정을 거치며 반드시 변화하는 모습을 관찰할 수 있습니다. 배변훈련 과정을 통해 아이가 기저귀를 떼듯이 떼쓰지 않고 자기 생각을 표현하는 법을 배우고, 타인의 감정을 공감할 수 있는 능력이 생기고, 인지발달이 이뤄지며 자기만의 논리를 펼치던 것에서 어느새 옳고 그름을 판단할 수 있게 됩니다.

그렇기에 양육자는 내 아이의 발달수준을 이해하고 그보다 한발 앞서 그 시기에 나타날 수 있는 발달상황과, 특히 보일 수 있는 문제행동을 미리 파악하여 공부하고, 어떻게 대처해야 할지 고민하는 시간이 필요합니다. 이것만 하더라도 지금보다 훨씬 넓은 마음으로 이성적인 눈으로 아이를 바라볼 수 있을 것입니다.

또 하나의 당부

아이의 발달상황을 알아야 하는 중요한 한 가지가 더 있습니다. 양육자가 아이의 발달단계를 인지하지 못하면 결국 아이의 행동을 이해하지 못해 타박을 주거나 혼내지 않아도 될 상황이지만 혼내는 일이 발생합니다.

예를 들어, 배변훈련을 할 때 기저귀를 벗기는 시기는 아이가 충분히 변기에 소변을 보는 연습을 한 후 더 이상 기저귀에 실수하지 않을 때쯤에 기저귀를 빼고 팬티를 입혀야 합니다. 그런데 대부분의 양육자는 배변훈련을 시작하면서 바로 "이제 팬티 입었으니까 쉬하고 싶을 때 말하고 변기에 하자."라고 다짐하면서 기저귀를 벗기고 팬티를 입힙니다. 아이는 알겠다고 동의하지만 신체적인 감각은 아직 준비가 덜 된 발달단계이기 때문에 실수를 반복하는 것은 당연한 일입니다. 실수가 반복되면 결국 꾸중을 듣거나 꾸중을 듣지 않더라도 아이 스스로 놀라거나 좌절감을 느끼게 됩니다. 이때 양육자가 아이의 발달 상황을 미리 알고 충분히 연습할 시간을 주었다면 아이가 실수할 일도, 꾸중들을 일도, 좌절감을 느끼지도 않았을 것입니다.

한 가지 더 예를 들면, 4살 아이에게 "동생이랑 같이 놀아야지, 친구한테 양보해야 착한 아이지."라고 흔히 말합니다. 그러나 아이의 발달단계에서 3~4세는 아직 자신의 물건을 나눠 쓰거나 다른 사람과 소통하며 함께 놀이하는 과정이 어렵습니다.

이때는 '양보'보다는 '소유'에 대한 개념을 먼저 가르쳐야 합니다. "내꺼야. 혼자 하고 싶어. 다 하고 빌려 줄 수 있어." 하며 자기 장난감을 잘 지킬 수 있는 표현 방법을 알려 주도록 합니다. 이 시기에는 특별히 양보에 대해 가르치지 않아도 됩니다. 자기 것을 소중하게 여기고 혼자하고 싶은 마음을 존중받는 경험에서 다른 사람에게도 존중하는 마음, 함부로 빼앗지 않아야 한다는 것을 알게 해 주는 것입니다. 혼내지 않고 아이의 욕심을 인정하는 것입니다. 이 과정을 잘 겪어야만 자기가 가진 물건이 소중하듯, 다른 사람의 물건도 소중하며 함부로 뺏거나 망가뜨리지 말아야 한다는 것을 제대로 인지하게 됩니다.

'나누는 것'이 어려운 3~4세의 발달단계를 잘 모르면, 도덕적인 기준으로 '나누는 것'을 먼저 가르치게 되고 '양보하는 사람이 착한 사람'이라고 이야기합니다. 아이는 '양보하기 싫은데'라는 마음이 들게 되어 스스로 '난 착한 사람이 아니구나'라고 잘못 인지하게 됩니다. 더욱이 자기중심적인 3~4살은 자아가 형성되는 시기로 자신을 부정적으로 인식하게 되어 자신감이 상실되고 자존감이 낮아질 수 있어 주의해야 합니다.

아이의 발달상황을 잘 알아야 하는 이유는 더 많지만 이 정도만 하더라도 내 아이의 발달상황과 수준에 대해 내 아이의 발달속도보다 한 발 앞서 알아야 하는 정도로 충분합니다.

4. 훈육할 때 양육자의 감정은 배제한다

감정적인 훈육이 이뤄졌을 때 나타날 수 있는 문제행동 **Check!**
- ☑ 아이가 공격적인 행동(물기, 때리기, 꼬집기 등)을 할 수 있습니다.
- ☑ 원하는 것이 있을 때 쉽게 화내는 등 감정 조절이 어려운 모습을 보일 수 있습니다.
- ☑ 손톱 뜯기, 강박행동 등 정서적으로 불안감을 보이는 행동을 할 수 있습니다.

훈육의 첫 단추

아이를 키우다 보면 하루에도 열두 번 화가 치밀었다 가라앉았다 하는 날이 있습니다. 이전에는 그러지 않는데 아이를 키우며 '내가 이렇게 화가 많은 사람이었나, 욱하는 사람이었나'라는 생각이 들기도 하죠. 더없이 소중하고 사랑스럽지만, 아직 전반적 발달이 미숙한 아이를 키우다 보면 이전에 느끼지 못했던 수많은 감정을 느낄 때가 많습니다.

반복해서 안 된다고 알려주고 훈육하지만, 훈육이 무색하게 또다시 같은 행동을 반복한다면 양육자의 인내심도 한계가 있으므로 화가 나는 건 충분히 공감합니다. 그러나 지금 내가 아이의 이 행동을 바로잡고 훈육을 해야겠다고 마음먹었다면 적어도 화나는 감정은 배제한 후 시작해야 합니다. 화가 난 감정을 그대로 전달하는 것은 절대 적절한 훈육이 될 수 없습니다. 아이는 양육자가 주는 '가르침'보다 양육자의 '화난 감정'을 먼저 느끼게 되고 기질에 따라 겁먹고 "잘못했어요."라고 말하거나 행동을 중단할 수는 있지만 실제로 뭘 잘못했는지, 그 행동을 어떻게 수정해 가야 하는지는 전혀 모른 채 상황이 종료될 것입니다. 좀 더 강한 기질의 아이라면, 화난 감정을 전달받으면 소리를 지르거나, 물건을 던지거나, 떼를 쓰는 등 그 감정으로 인해 더 자극을 받아 공격적인 모습을 보일 수 있습니다.

훈육을 시작하기 위해 기본적으로 해야 할 일이 바로 아이가 스스로 감정을 가라앉히고 조절할 수 있는 힘을 길러 주고 대화가 가능한 상황이 되었을 때 시작하는 것인데, 이처럼 양육자가 이미 화가 난 상태라면 훈육의 첫 단추부터 잘못 끼워졌다고 할 수 있습니다.

감정적인 부모가 감정적인 아이를 키우는 법

이보다 더 무서운 것은 아이들은 양육자의 행동을 보며 자연스럽게 모방행동을 합니다. 그런데 원인 제공은 아이가 했을지언정, 아이에게 비친 양육자의 모습을 보고 자란 아이의 시각에서 본다면, 마음에 들지 않고 부정적인 감정이 들 땐 화를 내는 것, 소리치는 것, 심지어 체벌이 이뤄진 상황이라면 부정적인 감정은 남을 때리는 것으로 표현하는 것이라고 잘못 이해할 수 있습니다. 양육자는 하면 안 되는 행동에 대해 가르치는 '훈육'의 의미와 의도를 가졌겠지만, 아이는 그 행동이

'감정을 표현하는 법'이라고 배우는 중인 것입니다.

반대로 양육자가 화가 났을 때 "지금은 엄마 마음이 많이 상했고, 화가 난 상태이니 조금만 있다 얘기하자."라고 말한 후 화를 가라앉히고 이성적인 마음으로 아이에게 훈육이 이뤄졌다면 아이가 떼쓰고 싶고 화가 나고 부정적인 감정이 들 때 양육자가 감정 조절했던 그 모습을 떠올려 부정적인 마음을 곧바로 공격적인 모습으로 표출하는 것이 아니라 '스스로 마음을 정리한 후 이야기하는 것'이라는 과정을 그대로 배울 수 있습니다(단, 훈육이 필요한 상황에서 감정을 정리하는 데 오랜 시간이 걸려 훈육의 골든타임을 놓쳐버리면 안 된다는 것도 잊지 마세요!).

어떠한 감정도 잠시 내려놓기

이러한 이유로 훈육을 할 때는 어떠한 감정도 잠시 내려놓고 이성적으로 아이를 대할 수 있어야 합니다. 단순히 지금 잘못한 행동과 습관을 고쳐 주기 위함이 아니라 부정적인 감정을 다른 사람에게 표현할 땐 어떻게 하는 것인지 모델링이 되어 주어 아이의 정서발달도 함께 도울 수 있다는 것을 명심해야 합니다.

또한 꼭 화가 난 감정뿐만 아니라 슬픈 감정, 불안한 감정, 우울한 감정 등 양육자의 감정은 감각이 예민한 아이들에게 그대로 전달될 수 있다는 것을 알고, 좀 더 성숙한 어른이 그 어떤 부정적인 감정도 아이를 대할 때는 잠시 내려놓고 조절할 수 있어야 합니다.

5. 다른 양육자가 훈육할 때는 개입하지 않는다

다른 양육자의 훈육 상황에 반복적으로 개입했을 때 나타날 수 있는
문제행동 Check!
- ☑ 훈육의 효과를 기대하기 어려워 문제행동을 계속 반복합니다.
- ☑ 훈육하는 사람이 나쁜 사람이라고 잘못 인지하고 부정적인 감정을 키울 수 있습니다.
- ☑ 훈육 담당자가 아닌 사람에게 통제하기 힘든 행동을 할 수 있습니다.

훈육 담당자가 따로 있다면

간혹 훈육을 담당하는 양육자가 따로 있는 가정이 있습니다. 아이가 잘못된 행동을 해서 훈육을 해야 하는 상황일 때 훈육을 담당하는 사람이 아이를 데리고 가서 훈육하거나 그 상황에 있던 양육자가 한발 물러서고 훈육 담당 양육자가 와서 훈육하기도 합니다. 이렇게 했을 때 훈육상황에 대한 일관성은 유지할 수 있겠지만 아이는 훈육하는 사람과 훈육하지 않는 사람을 대할 때 다른 모습을 보일 수 있습니다.

그러면 아이는 자신의 행동과 습관에 대해 생각하기 어렵고 훈육을 담당하는 사람이 없을 때나 없는 장소에서는 제멋대로 행동할 수 있으며, 이때 다른 사람이 주의를 주거나 훈육을 하더라도 통제가 힘든 상황이 됩니다. 결국 행동 수정이 이뤄지기보다 아이는 '어떤 상황에서 누구의 눈치를 봐야 하는가'를 생각하게 됩니다. 가정이 아닌 기관에

서도 어떤 교사가 무서운지 무섭지 않은지 눈치를 보며 다르게 행동하는 경우가 종종 있습니다.

모든 양육자가 훈육 동지

'지침 2. 일관성을 유지하며 아이에게 혼란을 주지 않는다'에서 언급한 바와 같이 양육자의 일관된 태도 유지, 양육자 간 일관성 유지, 양육환경에서의 일관성을 유지하며 현명한 훈육을 하기 위해서는 양육자 간 소통이 중요합니다. 평소에는 아이에 대해 많은 이야기를 나누며 양육에 대한 생각을 나누되, 훈육을 실천하는 순간에는 파트너를 믿고 훈육이 끝날 때까지 개입하지 않아야 합니다. 만약 다른 의견이 있다면 훈육이 이뤄지는 과정 중에 개입할 것이 아니라 훈육이 끝난 후 다시 의견을 조율할 수 있도록 해야 합니다. 그리고 조율한 내용은 다음 훈육에서 실천하도록 합니다. 그래야 아이 자신의 행동이 어떤 사람에게는 수용되고 어떤 사람에게는 수용되지 않는 것으로 인지되지 않고, 반복적인 훈육과정을 통해 자기 행동에서 잘못된 부분을 뉘우치고 고쳐 나가려 할 것입니다.

훈육은 마무리까지

훈육하는 과정에 다른 양육자가 개입하지 말아야 하듯이, 훈육이 끝난 후에도 훈육했던 양육자가 아닌 다른 양육자가 아이를 위로하며 마음을 달래주는 경우는 옳지 않습니다.

훈육을 시작했다면 어떤 훈육자가 훈육을 하더라도 일방적으로 가르침을 주는 것으로 끝나지 않고 아이의 행동에 대해서는 일관되고 단호하게 대처하면서 속상한 마음에 대해서는 충분히 공감해 줌으로써 훈육의 마무리는 양육자도, 아이도 기분 좋게 끝날 수 있도록 해야 합니다. 양육자도 훈육이 부정적인 과정이라 생각하지 않아야 하지만, 아이도 훈육하는 과정이 자신을 미워해서 혼내는 것이라는 오해를 하지 않도록 해야 합니다.

6. 훈육해야 할 상황에서 회피하지 않는다

훈육상황을 회피했을 때 나타날 수 있는 문제행동 **Check!**
- ☑ 문제행동을 허용의 행동으로 받아들여 다음에 같은 행동을 반복합니다.
- ☑ 양육자보다 서열이 더 우위에 있다고 생각하고 주도권을 가진 모습입니다.
- ☑ 훈육과정에서 아이가 상황을 통제하려는 모습을 보일 수 있습니다.

훈육상황은 아이가 배울 수 있는 기회

육아를 하면 아이와의 실랑이는 매일 반복됩니다. 특히 두 돌 전후로 자아가 형성되기 시작하면서 아이는 뭐든 자기 마음대로 하고 싶어 하지만, 아직 인지발달이나 언어발달이 미숙하므로 말도 안 되는 논리로 자기주장을 펼치고 아무리 반복해서 설명해도 양육자의 말을 수용하지 않고 떼쓰는 모습을 보입니다. 기질적으로 강한 아이들은 특히 더 훈육의 상황이 어렵고 힘들 수 있습니다. 하루에도 수십 번 이런 상황이 반복되면 결국 양육자도 지쳐서 더 훈육하고 싶은 마음이 다 사라지고 에너지가 바닥나 실랑이 하지 않고 조금이라도 수월하고 조용히 넘어가고 싶어서 훈육은 엄두가 나지 않을 수 있어요.

이런 이유로 한 번, 두 번 훈육해야 하는 상황을 회피하게 되면 결국 아이는 자신의 행동에서 문제를 인지하지 못하고 '떼를 써서 양육자를 이겼다', '떼를 썼기 때문에 양육자가 그냥 넘어가는 것이다'라고 잘못된 생각을 하게 됩니다. '아~ 원하는 것이 있을 땐 떼를 써서 하는 거구나'라고 인지하게 되어 어느새 양육자가 자신의 행동을 제지하거나 훈육하는 상황을 받아들이지 못하게 되고, 점점 더 강한 표현으로 자신의 서열이 가장 우위에 있다고 여겨 주도권을 잡으려는 모습을 볼 수 있습니다. 이럴 때는 훈육을 시도하더라도 아이는 "엄마가 이렇게 하면 나는 그만할 거야."라며 협상을 시도하거나 훈육의 상황을 통제하려고 합니다.

Part 1에서도 언급했듯이 아이가 잘 몰라서 반복하게 되는 문제행동, 떼쓰기의 상황은 훈육을 통해 배워 가는 과정입니다. 그러나 잠깐 편하고자 훈육을 회피하는 것은 그만큼 아이에게 배울 수 있는 기회를 뺏는 것이고, 그러는 동안에 잘못 형성되어버린 습관이나 개념을 다시 잡기는 더 어려운 일이 될 것입니다. 반대로 처음엔 힘든 과정일 수 있지만 양육자의 일관된 태도와 제대로 된 훈육이 적기에 이뤄진다면 점차 훈육하는 시간도 짧아지고 아이의 행동수정도 훨씬 수월해집니다.

7. 조기교육으로 인해 아이의 발달을 방해하지 않는다

시기에 따른 뇌발달

아이의 뇌발달 시기를 알고 발달이 이뤄지는 부분에 대해 적절한 자극과 경험을 통해 잘 발달할 수 있도록 도와야 합니다.

한 가지 예로 우리 뇌 중 창의성은 전두엽에서 발현되는데 창의성은 유아기 3~4세경 시작해서 7~8세 초등학교 초기까지 가장 빠르게 발달합니다. 그리고 이 시기 발달 정도는 어른 뇌의 70~80%까지 성장합니다.

또한 사회성 그리고 감정과 정서를 담당하는 뇌의 변연계라는 곳은 놀랍게도 만 4세 정도가 되면 완성단계에 이른다고 합니다. 아이가 태어나서 안정적인 애착을 형성하고, 자아가 형성되고, 타인과 소통하는 법을 처음 배워나가는 이 시기에 학습지와 학원에서 조기인지교육에만 집중하는 양육자가 생각보다 많습니다.

아이의 뇌는 영유아기에 사회성과 정서 담당 부분의 발달이 서로 적절한 자극을 통해 쉼 없이 이뤄져야만 하는데, 이 시기의 자극과 경험이 학습에 더 집중되어 있다면 나중에 아이가 학교에 들어가 집단생활을 하고 친구를 사귈 때쯤 어려움을 겪게 될 것이며, 그때 문제상황을 인지하고 부족한 사회성이나 정서발달을 도와준다고 해도 창의성과 정서발달이 다시 영유아기처럼 빠르게 성장하지 않으므로, 집단에서 리더십을 발휘하고 타인의 감정을 잘 공감하는 유능한 아이로 성장시키는 것이 쉽지 않을 것입니다.

조기교육이 아이 발달에 미치는 부정적인 영향

보통 5살쯤되면 아이에게 한글 교육을 하기 위해 학습지를 시작하거나 영어 교육을 위해 영어 수업을 시키는 경우가 많습니다.

'한글(영어) 교육이 창의성이랑 무슨 관련이 있느냐?'라고 생각할 수 있지만, 한글을 가르치면 아이들은 자연스럽게 책이나 다양한 인쇄물을 접할 때 글자를 보게 됩니다. 학습을 통해 한글을 배웠던 경험이 있는 아이들은 한글을 알지는 못하지만, 이 글자는 쓰는 방법과 읽는 방법이 있다는 것을 알게 됩니다. 그러면 글자를 잘 모르므로 섣불리 읽거나 쓰려고 하지 않습니다. 그림책을 보더라도 이전에는 그림을 보고 자유롭게 내용을 상상하거나 들었던 이야기를 떠올려 구연합니다. 그런데 학습을 하게 된 후에는 그림 옆에는 이 장면을 설명하는 이야기가 정해져 있다는 것을 알게 되고 자연스럽게 "나는 아직 못 읽어요. 너무 어려워요."라는 반응을 보입니다. 그렇게 되면 아이가 그림책을 보는 것조차 공부가 되어 버립니다. 특히 기질적으로 완벽하고 섬세한 아이들은 틀리는 것을 타인에게 보이기 싫어하기 때문에 더욱 소극적이고 방어적인 모습을 보일 수 있습니다.

반면, 아직 글자를 배우지 않은 아이는 그런 두려움이 전혀 없습니다. 그림책은 그냥 그림이고 그림을 보면서 내용을 상상하고 마음대로 이야기해도 누가 틀렸다고 한 적도 없고 한글을 몰라 왜 틀린 건지 생각하지 않습니다. 이런 아이들은 보통 "내가 읽어 줄게."라는 말을 자주 하고 책을 볼 때도 자신감 있게 큰 목소리로 읽는 모습을 볼 수 있습니다. 그러나 정확하게 말하면 읽는 것이 아니라 그림을 보면서 이야기를 상상하고 유추하며 만들어 가는 것입니다.

이런 상황이라면 어떤 아이가 더 창의력 증진에 도움이 될까요? 한글을 조금 더 빨리 읽고 쓰는 것보다는 충분히 상상하며 창의력을 증진시킬 수 있는 시간을 제공하는 것이 중요합니다.

그렇다면, 어떻게 교육해야 하는가?

그렇다고 아이에게 학습의 경험을 제공하지 않고 멀리하도록 하라는 것은 절대 아닙니다. 태어난 직후부터 아이들은 다양한 자극에 의해 전반적인 발달이 이뤄집니다. 가장 먼저 아이의 발달단계를 이해하고 시기에 따라 어떤 자극을 주어야 하는지, 어떤 경험을 시켜 주어 뇌 발달을 도와야 하는지 알아야 합니다.

아이에게 가장 좋은 학습은 바로 '놀이'입니다. 아이의 발달단계를 이해했다면 이제 시기에 따라 적절한 놀이를 제공해 주어야 합니다. 영아기 아이들은 오감을 통해 학습이 이뤄집니다. 그러면 최대한 다양한 감각을 자극해 줄 수 있는 놀이를 제공하고, 4살 정도되면 주입식 학습의 형태로 접근하지 않는다는 전제하에 아이가 자발적으로 흥미를 느끼며 참여할 수 있도록 '글자나 숫자와 관련한 놀이'를 제공해 줄 수 있도록 합니다. 이것이 바로 '놀이를 통한 학습'입니다.

"몇 살 때부터 공부를 시켜야 하나요? 한글은 언제 가르쳐야 하나요?"라는 질문을 합니다. 아이가 학습이 가능한 시기까지 아무런 자극 없이 기다리라는 것은 아닙니다. 구조적인 학습이 가능하도록 하기 위해서는 사전에 해야 할 일들이 있습니다.

민주 선생님 Tips
한글 학습에 대한 시기별 교육법은 Part 3에서 설명합니다.

구조적 학습을 위한 준비단계

첫째, 소근육 발달을 도와야 합니다.

한글 교육과 아무 상관없다고 생각할 수 있지만 나중에 아이가 글을 쓰고 싶은 욕구가 생겼을 때 손에 힘이 없어 생각처럼 써지지 않는다면 흥미가 뚝 떨어질 수 있습니다.

동물 이름 쓰기

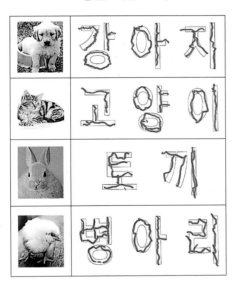

5살 아이가 테두리 글자를 따라 쓴 활동지입니다. 이제 막 한글을 쓰기 시작한 아이는 이렇게 손에 힘이 없습니다. 우리도 왼손으로 글자를 쓰면 답답한 마음이 드는 것처럼 아이들도 마찬가지입니다. 한글에 관심을 보일 때 온전히 쓰는 활동을 즐길 수 있도록 하기 위해서는 영아기에 소근육 활동을 하며 즐겁게 손힘을 키우고 쓰기 준비를 시켜 줍니다.

둘째, 눈과 손의 협응입니다.

이 말이 생소하다면 쉽게 예를 들어, 바늘구멍에 실을 꿸 때 눈으로 보고 그 위치에 맞춰 손으로 조절해서 실을 넣는 것과 같습니다. 연필을 쥐고, 자음 옆에 모음을 쓰고, 모음 아래 받침을 쓰기 위해서는 눈과 손을 협응할 수 있는 훈련이 필요합니다.

셋째, 쓰고자 하는 욕구, 한글에 관한 관심을 높여 줍니다.

　가장 중요한 부분입니다. 양육자가 실수하는 부분이 바로 아이가 한글에 관심을 갖기 시작하면 바로 '학습지를 시작해야 하나?'라고 생각합니다. 그런데 아이가 관심을 갖기 시작함과 동시에 구조적 학습을 시작한다면 몇 개월 안에 한글은 재미없는 공부, 연필이랑 종이로 된 것은 재미없는 도구일 뿐, 어린이집이나 유치원에서도 언어영역은 재미없는 것으로 반응합니다. 그러므로 조급함을 버리고 한글에 관심을 가질 때 일상에서 재미있는 한글 놀이 자극을 줄 수 있도록 해야 합니다.

YouTube 채널 <이민주 육아상담소> ▶
집에서 할 수 있는 한글 놀이 영상 자료를 확인할 수 있습니다.

8. 과한 미디어 노출은 삼간다

> 과한 미디어 노출로 인해 나타날 수 있는 문제행동 Check!
>
> ☑ 미디어 중독으로 자기조절능력이 저하되고 집중력이 떨어지는 모습을 보일 수 있습니다.
> ☑ 놀이를 통한 학습이 어렵고 놀이성이 떨어질 수 있습니다.
> ☑ 일방향적 소통에만 익숙해져 사회성, 언어능력이 부족한 모습을 보일 수 있습니다.
> ☑ 시청각 자극만 과하게 이뤄져 뇌발달의 불균형을 초래할 수 있습니다.

미디어는 아이의 뇌발달에 어떤 영향을 미칠까?

미디어 노출과 관련한 오해를 하는 사람들이 많습니다. '4차 산업 혁명 시대 미디어 노출이 왜 악영향이라고 하는가?'라고 생각하는 양육자가 많은데 미디어에 노출하는 것이 나쁜 것이 아니라 아이의 발달을 고려해서 적절한 시기에 잘 노출해 주는 것이 4차 산업혁명 시대를 잘 살아갈 수 있도록 성장시키는 것입니다. 학습과 경험에 필요한 도움이 되는 매체나 영상은 아주 많습니다. 아무리 몸에 좋은 음식이라도 음식에 대해 잘 알고 섭취해야 하는 것처럼 무작위로 아무 때나 학습적인 영상, 아이가 좋아하는 영상을 노출하는 것은 아이의 발달을 저해할 수 있으므로 주의해야 합니다.

생후 2개월부터 시냅스 숫자가 굉장히 빠른 속도로 늘어납니다. 생후 8~10개월이 되면 최고 절정에 이르고, 성인보다 2~3배 많은 시냅스를 만들어 냅니다. 이후 필요 없는, 즉 자극이 덜한 시냅스들은 12세까지 서서히 감소합니다. 이 중요한 시기에 아이들이 스마트폰과 영상 매체의 빠르고 강한 자극에 많이 노출되었다면 그림책 보기, 그림 그리기, 학습하는 과정처럼 영상매체보다 약한 자극에는 상대적으로 반응이 덜 할 수 밖에 없습니다. 그러면 뇌는 '필요 없구나'라고 판단하고 그 회로는 사라지게 됩니다. 지나친 경우 눈에 보이지 않는 아이의 뇌속에서는 충동을 조절하지 못하거나 집중하지 못하면 언어발달 지연 등의 문제를 보일 수 있으며 주의력결핍과잉행동장애(ADHD)가 나타날 수 있습니다.

라면, 햄버거 등 인스턴트식품 섭취가 몸에 해롭다는 것을 알지만 늘 자연 식재료를 조리하기란 쉽지 않은 일이며, 그렇다고 우리 건강에 대해 무시할 수도 없는 것처럼 아이들에게 미디어를 아예 보여 주지 않는 것은 어렵습니다. 우리가 매 끼니 햄버거나 피자를 먹으면 안 된다는 것을 알고 조절하듯이, 아이들의 뇌 건강에 어떤 영향을 주는지를 구체적으로 알고 어느 정도는 실천하면서 조절할 수 있어야 합니다.

미디어 노출이 육아에 미치는 영향

육아를 하면서 아이에게 미디어나 스마트폰을 보여 주는 것은 양육자에게 잠깐의 달콤한 휴식을 주기도 하고 집안일을 할 수 있도록 도와주는 제2의 양육자가 되어 주기도 합니다. 그러나 양육자가 필요한 정도로 적당히 그치면 좋겠지만, 하루에 조금씩 보던 영상은 아이에게 점점 누구보다 재미있는 친구가 될 것이고 어느새 없어서는 안 될 존재가 될 것입니다.

등원 전에 잠깐 보여 주던 영상이었지만 더 보고 싶은 아이에게는 등원을 거부하거나 등원 시간이 전쟁으로 바뀔 수 있고, 등원 후 친구와 함께 놀이하는 시간을 무의미하게 만들기도 합니다. 아이의 놀이를 관찰하다 보면 놀이에 흥미를 느끼지 못하고 집중하지 못한 채 겉도는 모습을 보이거나 단순한 행동을 무한 반복 또는 과잉행동을 보이는 아이들이 있습니다. 이럴 때 상담을 진행해 보면 미디어 노출이 그 원인인 경우가 대부분입니다.

또한 미디어로 인해 언어발달이나 정서발달, 사회성발달이 늦어진다면 육아를 하면서도 훨씬 힘들고 훈육을 하더라도 다시 원점으로 돌아가기도 합니다. 아직 어린아이들은 자기조절능력이 미흡하므로 반드시 양육자가 양육환경에서 조절해 주어야 합니다.

건강하게 미디어를 노출하는 방법

첫째, 양육환경에서 미디어 노출을 최소화해 주세요.

아이가 직접 미디어를 시청하거나 조작하지 않더라도 양육자가 스마트폰이나 컴퓨터를 사용하는 모습이나 TV를 시청하는 모습을 자주 보인다면 아이는 양육자의 모습에 자연스럽게 관심을 가질 수밖에 없으므로 어른들 또한 지나친 미디어 사용은 삼가는 것이 좋습니다.

둘째, 보상의 개념으로 미디어를 활용하지 마세요.

아이가 좋아한다는 이유로 양육자가 원하는 행동을 했을 때(예 : 밥 다 먹기, 학습지 하기 등) 보상으로 미디어를 허락한다면 아이에게 미디어는 더없이 간절하고 특별한 존재가 됩니다.

셋째, 미디어 노출이 가능한 시기는 꼭 지켜주세요.

만 2세, 즉 24개월 미만의 영아에게는 미디어 노출을 반드시 금지해야만 두뇌 질환, 주의력결핍과잉행동장애(ADHD), 언어지연 등을 예방할 수 있습니다. 또한, 만 2~4세 아이들에게도 하루 1시간 이상 노출하는 것은 삼가야 합니다.

넷째, 즐거운 놀이거리를 제공해 주세요.

미디어보다 일상에서 하는 놀이가 즐겁고 양육자와 함께하는 대화가 즐겁다면, 아이들이 미디어를 찾지 않습니다. 늘 심심해한다면 아이에게 제공되고 있는 놀잇감이나 놀이가 수준보다 낮은 것은 아닌지 점검이 필요합니다. 흥미로운 놀이를 경험할 수 있도록 하여 놀이성을 키워 준다면 스스로 즐거운 놀이를 찾을 수 있는 능력을 갖추게 됩니다. 그러므로 양육자는 아이의 놀이성을 키워 줄 수 있도록 책임감을 가지고 노력해야 합니다.

9. 양육자의 몸과 마음을 건강하고 행복하게 유지한다

양육자가 행복하지 않을 때 나타날 수 있는 문제행동 Check!

☑ 무기력하고 소극적인 모습을 보일 수 있습니다.
☑ 인지 및 언어능력이 낮을 수 있습니다(캐나다 연구결과).
☑ 정서적인 불안감을 보일 수 있습니다.

출산 후 달라진 나

아이를 품는 임신기간도 쉽지 않지만, 출산하고 신생아를 돌보는 시간은 잠도 제대로 자지 못하고, 끼니도 제대로 챙겨 먹지 못하면서 아이를 봐야 하는 완전히 달라진 생활에 적응하기는 정말 힘든 일입니다. 돌아서면 수유시간이고, 모유 수유는 마치 '좋은 엄마'를 판단하는 기준인양 인식되면서 알게 모르게 압박감에 시달리게 됩니다. 이 모든 것을 감당해야 하지만, 사회적 인식은 아직도 누구나 겪는 당연한 일로 여깁니다. 아기도, 엄마도 밤낮없이 적응하다 보면, 어느새 내 모습은 머리카락이 빠지기 시작하고 푸석해진 피부에 특히 임신 전과 너무 다른 몸매를 보며 우울감은 한층 더 깊어집니다. '엄마는 위대하다고 하지만 도대체 나의 희생은 어디까지고 나의 변화는 어디까지인지…'라는 생각도 깊어집니다.

초보 양육자분들과 이야기를 나누다 보면 심적으로 가장 힘들어하는 것이 지금의 힘듦이 언제 끝날지 모르기 때문에 더 우울하고 힘들 어합니다. 그러므로 아이의 발달을 잘 알고 있다면 지금의 힘든 상황이 언제 끝날지 예상할 수 있으며, 지금 하는 큰 고민은 어느 시기가 되면 반드시 해결될 것입니다. 그러나 또 다른 고민이 시작되므로 육아 공부는 미리 해야만 합니다.

다만, 엄마도 처음인 육아! 엄마만의 몫이라고 생각하지 않았으면 합니다. 다른 아기들은 밤잠을 잘 자기 시작하고, 낮잠도 자리가 잡혀가고, 기저귀를 빨리 떼고, 한글을 빨리 익혔다는 얘기를 접하면서 내 아이가 아직 그 수준이 아니더라도 '내가 잘못하고 있는 건가?'라고 오해하지 않았으면 합니다. 아이를 키우는 일은 단거리 뛰기가 아니라 파트너와 함께 뛰는 긴 마라톤이라고 생각해야 합니다. 지금 당장 아이의 발달속도에 따라 나를 평가하고 달라진 내 모습에 우울해하기보다 아이를 잘 키우기 위해 전략을 얼마나 잘 세웠는지, 파트너와 소통은 얼마나 잘하고 있는지에 대한 양육환경을 점검해 볼 수 있도록 해야 합니다.

'부모'라는 이름의 무게에 죄책감 느끼지 않기

출산하는 순간부터 부모는 수없이 많은 선택지 앞에 좀 더 나은 선택을 하기 위해 고민하고 또 고민합니다. 자연분만을 할지, 제왕절개를 할지에서부터 시작해서 완모(모유 수유)를 할지, 혼합(혼합 수유)을 할지, 완분(분유 수유)을 할지의 고민이 해결되는 순간, 곧 아이의 이유식 식기는 어떤 것을 사용해야 할지, 어린이집을 보내야 할지, 유치원을 보내야 할지, 오로지 부모의 선택으로 아이는 성장하게 됩니다. 그러므로 아이가 보이는 작은 문제에도 양육자는 '내가 잘못 선택한 걸까?', '최선이 아니었던 걸까?' 이런저런 생각을 곱씹으며 죄책감을 느끼거나, 특히 훈육한 후에는 미안한 마음을 갖기도 합니다.

이 책을 통해 반복적으로 이야기하지만 아이를 사랑하는 마음과 적어도 이렇게 육아서를 보며 공부하는 '엄마' 또는 '아빠'라는 것만으로도 충분히 훌륭한 '부모'입니다. 또한 이 책에서 제시한 육아지침 9가지를 모두 실천하고 있다면, 틀림없이 가야 할 방향으로 제대로 가고 있고 조금씩 변하는 아이의 모습을 보며 기뻐할 수 있을 것입니다.

아이들에게 부모는 세상이고 전부이므로 양육자의 몸과 마음을 행복하고 건강하게 유지하여 건강한 세상과 긍정적인 에너지를 줄 수 있어야 합니다. 죄책감과 후회, 미안함보다는 '부모'라는 자부심과 자신감을 가지고 양육하시길 바랍니다.

PART 3

60가지 상황별
훈육법

1. 떼쓰는 아이 / 67

2. 공격행동 / 87

3. 생활습관 / 107

4. 식습관 / 145

5. 정서발달 / 173

6. 사회성발달 / 197

7. 언어발달 / 213

8. 학습/발달 / 243

9. 형제/자매 / 275

10. 수면 / 299

PART 3
60가지 상황별 훈육법

I. 단계의 구분

- 아이마다 발달에는 개인차가 있으므로 월령 또는 연령으로 구분하여 솔루션을 제시하는 것이 아니라 발달을 고려한 단계별로 구분하여 진행합니다.
- 3단계로 나눈 발달의 경계에 해당한다면 전/후 단계 솔루션을 모두 참고하시길 바랍니다.

2. 단계별 솔루션

씨앗 단계(1단계) _ 의사소통이 어려운 단계
언어발달, 인지발달이 미숙하여 양육자의 말을 이해하는 수용언어, 자신의 의사를 표현하는 표현언어, 스스로 행동수정이 모두 어려운 단계

새싹 단계(2단계) _ 수용언어가 가능한 단계
언어발달이 미숙하여 자신의 의사를 표현하는 표현언어는 어렵지만, 양육자의 말을 이해하는 수용언어가 가능한 단계

열매 단계(3단계) _ 의사소통이 가능한 단계(표현언어 포함)
다른 사람의 언어수용 및 자신의 의사표현이 가능하고, 스스로 행동수정이 가능한 단계

떼쓰는 아이

- 시기별 떼쓰는 아이 훈육

- 이유 없이 떼쓰는 아이

- 무조건 우는 아이

- 마트에서 떼쓰는 아이

- 훈육할수록 떼쓰는 강도가 심해지는 아이

• 시기별 떼쓰는 아이 훈육

고민내용

- 육아를 하면 할수록 훈육이 어려운 것 같아요. 훈육하고 난 후엔 괜히 아이한테 미안한 마음이 생기고 내가 잘하고 있는지 혼란스러울 때가 많아요. 어떤 상황에서 어떻게 훈육을 해야 하는지 궁금합니다.
- 아이가 커갈수록 분명 아이가 잘못한 것에 대한 훈육으로 시작하는데, 훈육하는 중에 아이가 악을 쓰며 소리 지르고 말대꾸를 하면, 저도 화가 나고 처음 잘못에 대해 바로잡기보다 소리 지르고 말대꾸한 것을 혼내며 끝이 납니다. 무조건 소리 지르고 말대꾸하며 떼쓰는 아이는 어떻게 훈육을 이어가야 할까요?

민주 선생님's ✓Check point

- ☑ 아이의 발달 단계를 이해하고 그에 맞게 훈육이 이뤄졌나요?
- ☑ 떼를 쓸 때 화내는 등 감정적으로 대응하지 않고 적절한 훈육이 이뤄졌나요?
- ☑ 너무 힘들어서 훈육을 중단하거나 회피한 것은 아닌가요?

해석

신체가 발달함에 따라 양육자는 아이의 안전을 위해 어쩔 수 없이 통제하게 되고 아이는 계속해서 움직이며 걷고 뛰고 오르고 물건을 던지는 등 행동을 시도합니다.

대부분 이 과정에서 떼쓰는 경우가 많은데, 떼를 쓰기 시작하는 단계에서 적절한 훈육이 이뤄져야 합니다. 또한 아이의 발달 단계를 알면 떼를 쓰는 이유를 어느 정도 이해할 수 있습니다.

먼저, 떼쓰기부터 생각해 보면 "우리 아이 왜 이렇게 떼를 쓰는 걸까? 육아를 잘못하는 건가?"라고 자책할 수 있으나 양육자의 잘못은 아닙니다.

떼쓰기는 지극히 정상적인 성장 과정에서 나타나는 행동이고 적절하게 훈육한다면 더 성장할 수 있는 계기라고 생각하면 좀 더 육아가 쉬워질 수 있습니다. 자아는 생겼는데 옳고 그름을 모르고 떼쓰는 아이에게 양육자는 뭘 가르쳐야 하나를 생각하면 됩니다.

'가르침 = 훈육' 이므로 적절한 훈육이 이루어지도록 시기별, 아이의 발달 단계에 따라 훈육법이 다름을 알고 실천해 보세요.

 ## 씨앗 단계 Solution

떼쓰기를 시작하는 씨앗 단계에서는 특히 아이가 스스로 행동수정이 어렵고 양육자가 설명해도 알아듣지 못하는 시기입니다. 이때는 아주 짧게 "~하고 싶었어? ~해서 그거 말고 이거 해 보자." 끝! 여기서 곧바로 아이의 흥미를 다른 곳으로 돌려주세요.

처음 하고자 하는 것보다 더 흥미로운 무언가를 제공하여 관심을 돌릴 수 있도록 도와주세요.

아이가 떼쓴다고 해서 아이에게 계속해서 "~ 하고 싶었어? 그래서 속상했어? 어떡하면 좋을까?"라며 공감해 준다는 이유로 길게 설명하면 아이는 해 준다는 건지, 안 해 준다는 건지 오히려 혼란스럽고 일단 더 세게 울며 떼를 씁니다.

곧바로 해 줄 것이 아니라면 의사소통이 어려운 단계에서는 아주 간단하게 설명한 후 관심을 전환하는 것이 좋습니다. 그리고 좋아하는 놀이나 구경거리로 얼른 흥미를 돌려 그 상황을 종료시켜 주세요.

자아가 형성되는 두 돌 전후가 되면 발달상 자기중심적으로 생각하는 단계예요. 자기 생각과 뜻이 생겼으니 자기주장을 펼치지만, 표현법을 잘 모르니 울음, 소리 지르기, 드러눕기 등 떼쓰기로 표현하죠. 아이의 감정표현이나 행동에 일관성이 있지는 않으므로 어떨 때는 아주 수월하고, 또 어떨 때는 사소한 것 하나까지도 힘이 들어요. 그러므로 새싹 단계 아이들은 좀 더 인내가 필요합니다.

"~하고 싶었어? 속상해서 울고 화내는 거야?"와 같이 먼저 감정을 수용해 주고 "그런데 ~해서 그렇게 할 수 없어. 대신, ~해 줄 건데 괜찮겠어?"라며 대안까지 제시해 주세요. 당연히 자기가 원하는 게 아니므로 계속 소리지르고 울 거예요. "화가 많이 났구나. 소리 안 지르고, 떼쓰지 않고, 엄마랑 얘기할 수 있을 때까지 엄마가 기다려줄게. 마음 가라앉히고 얘기해" 하고 기다려주세요. 떼쓰는 상황을 받아주지 말라는 것이 아니라 스스로 감정을 조절하는 연습을 하도록 하는 것입니다.

이때 아이는 정신없이 소리지르고 울지만, 굉장히 예민하게 상대방을 살핍니다. '엄마가 넘어올까? 조금만 더 세게 소리지르고 울어볼까?' 엄마가 한숨 쉬는 것, 지쳐하는 표정조차 아이에게는 희망이 될 수 있어요. 단호한 표정으로 침묵을 유지해 주세요.

어느 순간 아이 울음과 행동이 잦아들 때가 있어요. 바로 그때 이제 "엄마랑 이야기할 준비가 됐어?"라고 물어보세요. 다시 울기 시작하면 "좀 더 기다려줄게"라며 침묵을 유지하고, 흐느끼지만 행동이 잠잠해졌다면 다가가셔도 됩니다. "~하고 싶어서 그랬어? 울고 화내니까 너도 힘들지. 물 좀 줄까?" 하며 진정시킨 후에 잘못된 행동과 올바른 감정표현법에 대해 알려 주고 "대신 ~는 해 줄 수 있는데 하러 갈까?" 대안을 제시하며 기분 좋게 마무리해야 합니다.

감정을 스스로 잘 추스렸는데 기분 좋게 마무리되지 않는다면 감정을 추슬러야 하는 이유를 찾지 못할 수 있으므로 마무리는 양육자도 아이도 기분 좋게 해 주세요.

열매 단계 Solution

열매 단계는 양육자와 상호작용이 가능하고 스스로 행동수정이 가능한 시기입니다. 사실 영아기부터 훈육이 잘 이뤄지고 자기감정 표현 훈련이 잘된 아이들은 언어발달이 이뤄지는 5~7세쯤 되면 훈육을 통해 훈련시키지 않아도 자연스럽게 가능합니다. 하지만 아이가 떼쓰지 않을 수는 없어요.

이 시기 아이들이 떼쓸 때는 아이의 감정도 중요하지만, 너로 인해 타인의 감정이 어떠하다고 전달하는 것도 중요합니다. 더불어 "너, 그거 하고 싶은 마음은 아는데 위험해서 해 줄 수가 없어. 그거 말고 어떤 거로 대신하면 좋겠어?"라고 물으며 잘못된 행동은 짚어주면서, 대안 제시는 "대신 ~하러 갈까? ~할까?"처럼 양육자가 결정하는 것이 아니라 자신의 감정조절, 통제와 함께 어떤 것을 하고 싶은지 대안까지 스스로 찾아보고 제시하도록 도와줄 수 있는 것이어야 합니다.

민주 선생님 Tips

아이가 제시한 대안은 되도록 안전한 범위에서 벗어나는 것이 아니라면 수용해 주는 것이 좋습니다. 안 된다고 제한하는 것이 지나치게 많으면 아이가 그만큼 힘들 수 있으므로 주의해야 합니다.

● 이유 없이 떼쓰는 아이

고민내용

요즘 부쩍 이유 없이 떼쓰는 일이 잦아져서 너무 힘드네요. 이유를 알면 들어 줄 수 있는지 판단이 될 텐데 기분 좋게 시작한 무언가도 결국은 짜증 부리고 떼쓰며 끝이 납니다.

들어주겠다고 해도 설명을 하지 못하고 무조건 해달라고만 하는데 어떨 땐 정말 하고 싶어서 요구하는 것인지 아니면 그냥 억지를 부리는 것인지 알 수가 없네요.

뭐든 다 들어주면 버릇이 나빠질 것 같고 들어주지 않자니 그 상황이 너무 길어져서 지치네요. 아이의 행동을 어떻게 이해해야 할까요?

민주 선생님's ✔Check point

- ☑ 아이의 발달시기를 고려해 보았나요?
- ☑ 3~24개월 애착 형성이 안정적으로 이뤄졌나요?
- ☑ 생후부터 발달 단계에 적절한 훈육이 이뤄졌나요?
- ☑ 가정에서 아이의 서열은 잘 잡혀 있나요?
- ☑ 평소 아이에게 제공되는 놀이가 부족하거나 수준에 맞지 않는 것은 아닌가요?

해석

아이의 발달과정을 정확하게 인지한다면 어느 정도 아이의 행동이 이해될 수 있어요. 대부분 고민이 비슷비슷한 것만 보더라도 내 아이만의 문제는 아니란 거죠. 이 시기가 되면 바로 자아가 형성되는 시기입니다.

그 이전에는 다른 흥밋거리를 제공하여 관심을 돌리면 금방 전환이 되었지만, 자아가 형성되면서 자기주장을 펼치기 시작하고 떼를 쓰고 소리지르고 울음으로 표현하게 되죠. 어떤 이유가 있어서가 아니더라도 자기 마음대로 하고 싶어하면서 자신의 서열 위치를 확인하려고 합니다.

한 가지 더, 3~24개월(아이에 따라 36개월까지 해당하기도 함) 애착 형성의 시기입니다. 전반적인 발달의 기초공사라고도 할 수 있을 정도로 중요하기 때문에 혹시 안정애착 형성이 제대로 되고 있지 않으면 그 불안감의 표현일 수 있으며, 그 모습만 본다면 불안함의 표현이 아니라 떼쓰기처럼 보일 수 있으므로 혹시 애착 형성이 안정적으로 잘되고 있는지 점검 해보세요.

일과중 놀이상황도 체크해 보세요!

민주 선생님 Tips

놀이가 부족하여 지루함을 느끼거나 에너지 발산이 잘 이루어지지 않고 있다면 짜증이 많아질 수 있습니다. 또한 제공되는 놀이 수준이 아이 발달 수준에 비해 너무 낮거나 너무 높아서 놀이 주도를 양육자가 하고 있다면 자주 떼쓰는 행동을 보일 수 있습니다.

씨앗 단계 Solution

보통 돌이 지나면 신체적으로 부쩍 성장하여 걷고 뛰어다니기 때문에 아이들을 통제하기가 이전보다 쉽지 않죠. 그러면서 아이들의 뇌도 함께 성장하여 자아가 형성되기 시작합니다. 안으려고 하면 몸에 힘을 주고 버티거나 뒤로 젖히는 행동을 하고 좀 더 강한 기질의 아이들은 바닥에 드러눕죠. 말을 할 줄 안다면 "내가, 내가/ 아니야, 아니야."라는 말을 많이 하는 시기입니다.

이 시기 이런 행동을 보이며 떼를 쓰는 원인은 자아 형성/언어 및 인지발달 미숙 때문입니다. 이쯤 너무 힘들어하는 양육자의 마음을 백번 공감하지만, 또 한편으로는 '아! 내 아이가 문제없이 성장하고 있구나.'라고 생각하면 됩니다. 또한 아이의 모든 에너지는 '나'에게 집중되면서 뭐든지 내가 하고 싶고, 내가 보고 싶고 내가 만지고 싶어 하죠. 하지만 아직 언어발달이나 정서발달, 사회성발달이 모두 미숙한 단계이기 때문에 옳고 그름의 판단이 어렵고 훈육을 해도 해도 같은 상황이 반복되고, 양육자는 힘들고 지치는 순간들의 연속이겠죠.

그리고 아이 스스로가 자기 표현을 할 수 있는 언어가 되지 않으니 그 한계를 느낄 때 떼를 쓸 수밖에 없는 상황도 무수히 많아집니다. 그런데 이 시기에 양육자들이 가장 많이 하는 실수가 바로 어리기 때문에 훈육하지 않고 그냥 넘어가는 거예요. 훈육은 늘 말씀드리지만 혼내는 것이 아니라 '가르침'이고, 가르치는 것은 아이가 태어난 후부터 해야 하는 것으로 발달 단계에 맞게 해 주어야 효과를 볼 수 있습니다.

 ## 새싹 단계 Solution

이 시기는 어느 정도 눈치도 생기고 말이 빠른 아이들은 말을 잘할 뿐만 아니라 언어가 좀 늦은 아이들도 이제 수용언어는 충분히 가능한 단계가 되죠. 여전히 자아 형성기에 해당하는데 뭐든지 자기가 하려고 하고, 이전에 보이던 자기주장은 훨씬 더 강해지고, 기질에 따라서 또는 양육자의 기질이나 양육환경에 따라 아이의 자존감에도 영향을 줄 수 있는 시기가 됩니다. 그리고 또 하나의 특징이 바로 아이는 본능적으로 가족 구성원 중에서 나의 서열이 어느 정도인지를 시험해 보는 시기입니다.

떼쓰는 아이를 관찰해 보면 어떤 양육자 앞에서는 울음이 짧고, 어떤 양육자 앞에서는 들어줄 때까지 떼를 쓰며 우는 모습을 보일 거예요. 누구에게 떼를 쓰느냐에 따라 아이의 행동이 다르다면 '아! 내 아이가 자기 서열의 위치를 테스트하고 있구나! 양육환경에서 엄마, 아빠, 조부모님의 서열이 잘 잡혀 있는 건가?'를 생각해 봐야 합니다.

이때 양육자가 주의해야 할 점은 바로 양육환경, 양육자 간 양육 태도의 일관성입니다. 특히 요즘 맞벌이로 인해 조부모가 양육에 참여하거나 또 다른 도우미 선생님의 도움을 받는 경우가 많은데, 이때 양육자 간 양육 태도를 일관되게 맞춰주는 것이 바람직합니다. 혹시 훈육담당을 정해서 한 명이 훈육을 하고 있다고 하더라도 떼쓰는 상황에서는 아이와 함께 있던 양육자가 즉각 훈육하고, 훈육을 하는 동안 다른 양육자는 훈육이 끝날 때까지 어떤 피드백도 주지 않도록 해야 합니다. 그래야 아이도 이 사람 저 사람, 사람마다 행동이 다르지 않고 고쳐야 하는 행동도 혼란스러워하지 않고 행동수정을 할 수 있습니다.

열매 단계 Solution

이 단계는 충분히 자기감정을 언어로 표현이 가능하고 인지발달도 이뤄져 소통이 가능합니다. 이전 단계에서 훈육이 잘 이뤄져서 5살을 맞이하였다면 이제는 언어적으로 소통하는 것만으로도 상황을 이해시킬 수 있고, 또 행동수정도 가능하므로 양육자의 입장에서 아이의 통제가 훨씬 수월해집니다. 반면, 훈육이 잘 이뤄지지 못했다면 이 시기쯤 되면 아마 이전과는 비교할 수 없을 정도로 떼쓰기의 강도가 심하고 자기조절력이나 자기감정을 통제하는 능력이 부족한 모습일 거예요.

정리해 보자면, 이 단계에서도 여전히 떼를 쓰는 아이라면 그 원인은 첫 번째 이전 단계에서 훈육이 제대로 이뤄지지 못했거나, 두 번째 안정애착 형성이 이뤄지지 못했거나, 세 번째 양육환경에서 정서적인 불안감을 느낄 만한 일, 예를 들어 동생이 태어났다거나, 미디어 노출이 과하게 이뤄지고 있다거나, 양육자의 다툼이 자주 노출되었거나 등등의 원인을 생각해 볼 수 있습니다.

민주 선생님 Tips

원인을 먼저 파악했다면 '시기별 적절한 훈육법'을 참고해서 적절하게 대처해야만 합니다.

• 무조건 우는 아이

고민내용

하루에도 몇 번씩 우는 아이입니다. 원하는 것이 있을 때, 하고 싶은 것을 못 하게 할 때, 특히 훈육하는 중에도 울면서 안기려고만 하니 제대로 된 훈육 하기도 어려워요.

결국 울음을 달래며 훈육도 흐지부지되는 경우가 대부분입니다. 이렇게 우는 아이는 달래주고 훈육해야 할까요? 울어도 훈육을 계속 진행해야 할까요?

민주 선생님's ✔Check point

- ☑ 울음을 보일 때 과하게 반응하며 지나친 관심을 준 것은 아닌가요?
- ☑ 울음을 보일 때 훈육을 중단하는 경험이 반복된 것은 아닌가요?
- ☑ 아이가 문제에 직면했을 때 스스로 시도하도록 안내하기보다 먼저 해 결해 준 것은 아닌가요?
- ☑ 울음을 보이기 전에는 아이가 원하는 반응을 해 주지 않는 것은 아닌 가요?
- ☑ 스스로 자기 감정을 조절하고 통제하는 훈련이 이루어지고 있나요?

해석

아이가 태어나서 가장 먼저 하는 세상과의 소통 방법이 바로 '울음'입니다. 점차 언어발달이 이뤄지면서 자기감정, 의사표현을 할 수 있게 되고 정서발 달이 이뤄지며 감정조절도 가능하게 됩니다.

이렇게 발달과 관련된 측면에서 생각해 볼 수도 있겠지만, 충분히 발달이 이뤄졌음에도 불구하고 잘못 인지된 어떤 경험 때문에 마치 울음이 자기가 원하는 것을 얻을 수 있다거나, 원치 않는 상황을 종료시킬 수 있는 가장 효과적인 수단으로 여기기도 합니다.

그러므로 양육자는 내 아이가 아직 언어와 정서발달이 미숙하여 표현과 조절이 어려운 것인지, 상황을 통제하고자 무기로 사용을 하는 것인지 잘 관찰하고 판단하여 적절하게 대처할 수 있도록 해야 합니다.

씨앗 단계 Solution

이 단계는 아직 언어표현이 미숙하고 정서발달이나 사회성발달뿐만 아니라 인지발달 등 모든 것이 미숙하므로 아이가 울음으로 표현하는 것에 있어 더 공감해 줄 필요가 있습니다. 다만, 울음을 보이는 아이의 마음은 공감해 주되, 울음이 모든 것을 해결해 준다는 메시지를 주는 행동은 하지 않도록 합니다.

혹시 아이가 울 때 과하게 반응하거나 모든 것을 해결해 주려는 태도를 보인다면 아이는 이를 잘못 인식하게 되어 그 행동이 강화될 수 있습니다.

비슷한 상황에서 훈육을 하는 과정에서도 울음을 보일 수 있는데, 아이의 울음에 곧바로 훈육을 중단하는 것은 바람직하지 않습니다. 마찬가지로 아이의 속상한 마음은 공감해 주되 훈육을 하는 이유는 정확하게 전달할 수 있도록 하세요.

새싹 단계 Solution

이 단계는 여전히 언어표현이 미숙하지만, 이제는 점차 자기감정을 조절하고 통제할 수 있도록 훈련이 필요합니다. 아이가 울음을 보일 때는 "뭐? 어떤 거?"라고 문제의 원인을 먼저 묻기보다는 "울면 도와줄 수가 없어. 울음

그치고 얘기하면 뭐든 도와줄게."라고 반응한 후 감정을 스스로 조절할 수 있도록 돕는 것이 우선입니다. 그리고 완벽한 단어나 문장이 아니더라도 아이가 원하는 것을 가리키거나 소리를 내어 표현할 때는 즉각 반응해 줄 수 있어야 합니다.

아이의 울음에 과하게 반응하고 모든 것을 해결해 주는 것은 '울음'을 강화하는 행동이지만, 반대로 양육환경에서 아이가 울음을 보이지 않고 요구할 때 관심을 주지 않거나 원하는 것을 얻지 못하는 경험이 반복된다면 오히려 '울어야만 들어주는구나!'라고 인식할 수 있으므로 주의해야 합니다.

훈육과정에서 울음으로 상황을 종료시키려고 할 때도 울음을 먼저 그치고 난 다음에 훈육을 이어갈 수 있도록 하고, 달래려고 할수록 울음이 거세진다면 오히려 덤덤하고, 단호하게 "운다고 해결되지 않아! 울면 어떤 이야기도 나눌 수 없어. 네가 울음을 그칠 때까지 기다려줄게."라고 한 후 어떤 자극도 주지 않는 것이 좋습니다.

 열매 단계 Solution

충분히 소통할 수 있고 정서, 인지발달이 이뤄졌음에도 울음으로 떼쓰는 모습을 보인다면 연령과 상관없이 이전 단계의 솔루션을 실천해 보세요. 아이가 어렸을 때부터 적절히 이뤄졌으면 좋았겠지만, 지금이라도 스스로 자기감정을 조절하고 통제할 수 있는 능력을 키울 수 있도록 도와야 합니다.

이 시기의 양육자들이 많이 하는 실수 중의 하나가 아이의 울음이 거세고 또 연령이 높아짐에 따라 떼쓰는 강도가 심해지면 양육자도 감당하기가 힘들다는 이유로 훈육과정을 포기하거나 회피하려고 하는 경우가 종종 있습니다. 그러나 이대로 초등학생이 되고 중학생이 되면서 점점 성장할수록 통제하는 것이 더 어려워질 것이라는 것을 명심하고 부정적인 감정을 울음이나 공격적인 행동이 아니라 적절한 방법으로 표현할 수 있도록 가르쳐 주세요

울음으로 표현하지 않았거나 훈육과정에서 스스로 울음을 진정했을 때는 긍정적인 피드백(칭찬, 안아주기 등)을 주고, 울음으로 표현했을 때는 아무것도

해결되지 않는다는 경험을 줄 수 있도록 하세요. 소통이 가능하므로 훈육이 끝난 후에는 아이가 느낀 감정과 그로 인해 양육자가 느낀 감정에 대해서 꼭 이야기를 나누도록 하고, 관련 주제의 그림책 등을 통해 아이가 객관적인 시각으로 간접경험을 하는 것도 큰 도움이 될 수 있습니다.

• 마트에서 떼쓰는 아이

고민내용

자기표현을 하기 시작하고부터 뜻대로 안 되면 바닥에 누워서 울고 발버둥 쳐요. 특히 마트에 갔을 땐 하루도 그냥 넘어가는 날이 없고 장난감 코너, 과자 코너를 지날 때마다 그러네요.
통제가 힘들어서 카트 의자에 앉혀 지나가곤 하는데 그래도 발버둥 치며 소리를 지릅니다. 마트에 데려가지 않으려고도 해 봤지만, 그것보다는 현명하게 대처하는 방법이 궁금해요.

민주 선생님's ✔Check point

☑ 매번 일관성 있게 대처해 주었나요?
☑ 무조건 안 된다고 하거나 회피하는 모습을 보인 건 아닌가요?
☑ 이 과정을 통해 자기 조절력과 경제관념을 알려 줍니다.

해석

아이들은 아직 자기 조절력이 부족하므로 이 시간을 통해서 자기 조절력을 기를 수 있도록 해야 합니다.
순간순간 행복한 것, 아이와 감정싸움을 하지 않으려는 것에만 급급하여 장난감을 무조건 다 사준다면, 아이가 장난감은 얻겠지만 그 시기에 배워야 할 자기 조절력, 약속의 개념, 올바른 감정 표현법은 배우지 못하고 떼를 쓰면 무엇이든 살 수 있을 것이라는 생각을 하게 된다는 것을 명심해야 합니다.

'약속은 지키는 것이다'라는 약속에 대한 개념을 배울 수 있도록 해야 합니다. 사고 싶은 것 한 가지만 사기로 했다거나, 사달라고 떼쓰지 않기로 약속을 했다면, 반드시 지킬 수 있도록 양육자의 도움이 필요해요.

어떤 날은 허용하고 어떤 날은 허용하지 않는 모습을 보인다면, 아이는 '어떻게 하면 허용이 되는 걸까?'를 본능적으로 고민하면서 떼를 쓰기 시작할 거예요. 그렇다고 무조건 안 된다고만 하는 것은 좋은 방법이 아니겠죠.

장난감이나 간식을 살 수 있는 날을 정하고 마트나 백화점에 들어가기 전에는 "오늘은 떼쓰지 않고 엄마랑 같이 구매목록에 쓴 이것만 사는 거야."라고 미리 알려 줘야 합니다.

그리고 약속을 잘 지켰을 때는 칭찬을 해 주고 집으로 돌아와 과하지 않은 보상(칭찬스티커, 좋아하는 간식 등)을 해 주어 아이도 스스로 약속을 지킨 것에 대한 뿌듯함을 느낄 수 있도록 합니다.

씨앗 단계 Solution

기본적으로 간식이나 장난감을 사달라고 떼쓰는 정도가 되려면 15개월은 지나야 하므로 의사소통이 되기 전이라면 안 된다는 것을 간단하게 설명하고 다른 것으로 아이의 시선을 돌리거나 관심을 전환시키는 것이 바람직합니다.

아직 소통이 어렵고 말의 의미를 정확하게 알아듣지 못하기 때문에 아이가 갖고 싶은 물건이 있는 힘든 자리에 계속 머물면서 아이 스스로 마음을 바꿀 때까지 공감해 주고 설명해 주는 것은 무의미하고 아이를 더 힘들게 하는 과정입니다.

사주지 않을 거라면 "안 돼!"라고 간결하게 설명하고 곧바로 아이를 안고 다른 곳으로 이동하세요. 대신 사줄 수 있는 것을 얼른 제시해 주거나 아이의 관심을 끌 수 있는 다른 것으로 흥미를 유도해 주는 것이 좋습니다.

이때부터 떼쓴다고 원하는 것을 사주기 시작한다면 이후 떼쓰는 강도가 점점 더 강해지고, 원하는 것을 얻기 위해서는 떼를 쓰는 것이라는 잘못된 인식을 할 수 있으므로 주의해야 합니다.

새싹 단계 Solution

아이가 3~4살이 되어 말이 통하는 정도가 되면 먼저 이유와 함께 "이건 집에도 같은 간식이 있어서 안 돼"처럼 한 문장으로 안 된다고 알려 주세요. 그리고 대신 할 수 있는 대안을 제시해서 무조건 '안 된다'라는 말로 아이를 자극하지 않는 것이 좋아요. 대안을 제시했음에도 소용이 없다면 해당 코너에서 아이를 데리고 나와 사람이 없는 조용한 장소로 갑니다. 그 이유는 사람들이 함께 있는 공공장소에서 소리지르는 것은 남에게 피해를 주는 것임을 가르치는 것이고, 또 하나는 사람들이 보는 곳에서 아이를 혼내는 것은 아이 입장에서 굉장히 수치스러울 수 있는 경험이므로 사람이 없는 곳으로 이동해서 훈육하는 것이 바람직합니다.

이동하여 훈육하는 이유를 아이에게 충분히 설명해야 합니다. 하지만 설명한다고 곧바로 "네 알겠어요. 엄마!" 하진 않겠죠? 그런데도 이 과정들이 쌓여서 아이에게 변화를 가져오고 가르침이 될 수 있음을 명심하고 적절한 훈육을 반복해 주어야 합니다.

충분히 설명하는 과정에서 여전히 진정이 되지 않고 너무 오랜 시간이 걸린다면 안타깝지만 그 날 장보기를 포기하고 집으로 돌아가는 것이 좋아요. 그래야만 '아, 떼를 써서 얻어지는 것은 없고, 내가 이렇게 행동하면 장보기도 할 수 없구나!'를 몸으로 느낄 수 있게 됩니다.

열매 단계 Solution

마트나 백화점을 갈 때는 미리 구매목록을 함께 정해 보세요. 아이에게는 꼭 사고 싶은 거 하나만 목록에 적어서 마트나 백화점에서는 그 물건만 살 수 있도록 합니다. 그 물건이 간식이 됐던 문구용품이 됐던 적절한 기준을 정해 주는 것은 필요하며 이 과정을 통해 갖고 싶다고 무조건 사는 것이 아니라 구매할 때도 계획이 필요하다는 것을 알려줄 수 있어요. 이것이 반복되면 아이는 자기조절력뿐만 아니라 경제관념까지 가르치는 기회가 될 수 있답니다.

민주 선생님 Tips

편하게 장 볼 수 있는 팁을 하나 더 드리자면, 딱지나 작은 종이에 1~10까지 각각 숫
자를 적고 마트에서 엄마가 장 보는 동안 아이가 잘 기다려줄 때마다 딱지를 순서대
로 하나씩 줍니다. 그리고 10이 되면 아이가 사려고 적어 두었던 것을 살 수 있도록
합니다. 아이는 기다림을 배움과 동시에 수를 경험할 수도 있고, 잘 기다려줘서 고맙
다는 칭찬에 성취감도 느낄 수 있게 됩니다.

• 훈육할수록 떼쓰는 강도가 심해지는 아이

고민내용

아이가 떼쓰거나 말을 듣지 않을 때면 훈육을 한다고 했지만 비슷한 상황이 되어도 나아지기보다는 이전보다 훨씬 더 크게 소리지르거나 떼쓰는 행동을 보입니다.

도대체 뭐가 잘못된 걸까요? 훈육해도 소용없는 경우도 있는 걸까요?

민주 선생님's ✔Check point

- ☑ 훈육할 때 일관된 모습을 보였나요?
- ☑ 양육자의 감정 기복이 심하거나 훈육할 때 감정적으로 대응한 것은 아닌가요?
- ☑ 훈육과정이 힘들어 훈육을 중단하거나 회피한 것은 아닌가요?

해석

아이가 떼를 쓰는 행동은 당연하고 양육자의 잘못이 아니지만 어떻게 대처하느냐에 따라 떼쓰기가 길어지거나 강도가 높아질 수 있으므로 주의해야 합니다.

처음에는 떼쓰는 것을 들어주지 않고 훈육하다가 아이가 너무 강하게 떼를 쓰는 모습에 지쳐서 어느 시점에 아이와 타협해버리거나 양육자의 감정이 개입되어 말씨름을 하게 되거나 훈육을 회피·중단해버립니다. 그러면 결국 이런 것들이 부정적인 행동을 강화하는 원인이 될 수 있어요.

'아, 내가 더 강하게 고집을 부려야 내가 하고 싶은 대로 하고 내가 얻고 싶은 것을 얻을 수 있구나!'라고 잘못 인식할 수 있습니다. 훈육을 시작했다면 반드시 마무리까지 이뤄져야 한다는 것을 명심하세요. 더불어 훈육할 때는 아무리 화가 나더라도 화가 난 감정을 잘 다스려야만 하겠지요.

씨앗 단계 Solution

이전에도 충분히 위험한 행동이나 하지 말아야 할 행동들에 대해 가르쳐주며 훈육을 해왔지만, 아이가 "안 돼." 정도의 말을 알아듣는 시기가 되면 더 정확하게 훈육을 해야 합니다.

그러나 이 시기는 아직까지 완벽하게 말뜻을 이해할 수 없으므로 훈육할 때 목소리 톤과 표정 등 비언어적인 메시지가 정말 중요합니다. 훈육을 하면서도 평소와 같은 목소리나 친절한 목소리와 톤으로 조곤조곤 길게 설명을 한다면 아이는 혼란스러울 수 있어요.

최대한 간결하게 "안 돼! 위험해."라고 낮고 단호한 어조나 무표정으로 전달해야 합니다.

민주 선생님 Tips

모든 양육자가 일관된 태도로 양육하는 것이 중요합니다(조부모님 포함).

새싹 단계 Solution

이 시기는 무엇보다 모방 행동을 두드러지게 하는 시기이므로, 손위 형제자매나 기관에서 친구의 모습을 보고 모방 행동을 하는 것은 아닌지 살펴보아야 합니다. 또한 양육자가 일상에서 화가 났을 때, 또는 아이를 훈육할 때 감정을 어떻게 표출하는지도 되돌아보아야 합니다.

양육자는 아이들의 거울이라는 말이 있죠. 아이들은 특히 양육자의 모습을 가장 잘 모방하기 때문에 양육자가 아이를 훈육할 때 강하게 화를 낸다면 아이 또한 부정적인 감정을 전달할 때 더 강하게 화를 내는 것으로 표현할 수 있어요.

훈육할 때는 감정을 배제하고 훈육해야 함을 잊지 말고 너무 화가 난다면 잠시 멈추고 감정조절이 되었을 때 다시 훈육해 주세요.

다만, 양육자가 감정 정리를 할 때 너무 오랜 시간이 지나버리면, 아이는 이미 자신의 행동을 잊어버렸을 수 있으므로 주의해야 합니다.

또한 감정 정리를 위해 자리를 뜨거나 시간이 필요하다면 아이에게도 "엄마 지금 너무 속상하니까 잠깐만 있다가 이야기할 거야!"라고 전달하세요.

열매 단계 Solution

열매 단계의 시기에 이르도록 떼쓰기 행동이 계속된다면 이전 단계에서 훈육과정이 제대로 이뤄지지 않았을 가능성이 큽니다. 아이를 통제하지 못해 결국 아이의 뜻대로 해 주었다면 정말 치명적인 실수라고 할 수 있어요. 더 크게 소리지르고 더 크게 떼를 쓰면 하고 싶은 것, 얻고 싶은 것을 얻을 수 있다는 생각이 더 확고해지게 됩니다.

또한 이 사람한테는 허용이 되고 저 사람한테는 허용되지 않는 것도 떼쓰는 강도를 높이는 원인이 될 수 있고, 특히 내 기분에 따라 힘들 때는 들어주지 않고 기분이 좋을 때는 들어주는 등 일관된 모습을 보이지 않는다면 아이 입장에서는 떼쓰기가 하나의 유용한 무기처럼 작용할 수 있으니 양육자의 일관된 태도와 양육환경에서의 일관성은 매우 중요합니다.

공격행동

- 무는 아이
- 때리고 꼬집는 아이
- 물건을 던지는 아이
- 분노조절이 힘든 아이
- 자해하는 아이

무는 아이

고민내용

집에서는 무는 행동을 하지 않는데 어린이집에 가면 계속 친구를 물어요. 물면 안 된다고 알려 주고 다시 확인하려고 물어보면 "안 돼."라고 표현까지 하면서 친구들을 만나면 어김없이 조금만 불편해도 무는 행동으로 표현을 하네요. 어린이집에서 여러 번 전화가 와서 강하게 야단을 쳤는데도 그때 뿐이고 쉽게 고쳐지지 않네요. 어떻게 훈육해야 할까요?

민주 선생님's ✔Check point

- ☑ 구강기의 발달 단계에 있는 것은 아닌가요?
- ☑ 함께 놀이를 하거나 장난감을 공유하기에 어려운 발달 수준은 아닌가요?
- ☑ 정서적으로 불안함 또는 스트레스가 있는 것은 아닌가요?
- ☑ 양육환경에서 체벌이 이뤄지고 있지는 않은가요?

해석

무는 행동을 하는 영유아에게는 다양한 원인이 있을 수 있습니다. 그런데 무는 아이를 둔 양육자의 마음이 더 조급한 이유는, 무는 아이 혼자만의 문제가 아니라 누군가 내 아이에게 물려 상처를 입을 수 있기 때문에 더 예민하죠. 무는 행동은 습관이 되면 행동 수정이 힘들어집니다. 그러므로 무작정 행동만을 수정하려고 훈육하기보다 아이가 무는 원인에 대해 정확하게 파악하는 것이 우선되어야 합니다. 그리고 어떤 경우에도 무는 행동을 허용하지 않아야 하고, 안 된다고 단호하게 알려줘야 합니다.

단, 5세 이전의 아이라면 친구와 놀이를 할 때 장난감을 나누거나 양보하는 것은 아직 어려운 단계일 수 있으므로 양육자, 담임교사가 아이가 스트레스를 받지 않도록 환경을 먼저 수정해 주어야 합니다(예 : 장난감 개수 늘리기, 함께 놀이를 하거나 양보할 것을 강요하지 않기).

아이가 친구를 물 때 특정 아이를 무는지 여러 친구를 무는지 알아보는 것도 필요해요. 특정 아이를 문다면, 아마 그 아이와 발달 수준이 비슷하거나 놀이 취향이 비슷하기 때문에 많이 부딪힐 수 있으므로 양육자 또는 담임교사의 관찰이 정말 중요합니다.

그리고 행동수정이 될 때까지는 사전에 갈등을 중재해 줄 수 있도록 해야 합니다. 반면, 여러 친구를 무는 아이라면 아이가 어떤 상황에서 무는 행동을 하는지 원인이 중요하므로 잘 파악해 보아야 합니다.

 씨앗 단계 Solution

무는 행동은 사실 씨앗 단계에서 가장 많이 나타날 수 있습니다. 만 1세 전후의 아이들은 구강기로 씹고 무는 욕구가 강한 시기이고, 아직 의사 표현이 미숙하기 때문에 자신의 부정적인 감정을 전달하는 방법으로 무는 행동을 하기도 합니다.

아직 인지발달이 되지 않았기 때문에 양육자가 훈육 과정을 단호하게 하지 않으면 자칫 관심을 주는 것으로 오해할 수 있어요. 그래서 양육자나 교사의 관심을 끌기 위해 무는 행동을 할 수 있으므로 관심을 주는 것으로 오해하지 않도록 정확한 훈육이 이뤄질 수 있도록 해야 합니다.

아이가 무는 행동을 했던 상황이 한참 지난 다음에 물면 안 된다는 것을 알려 주는 것은 이 시기에는 큰 의미가 없어요. 무는 행동을 했을 때 곧바로 양육자나 담임교사의 지도가 이뤄질 수 있도록 해야 합니다.

그래야만 아이가 이해할 수 있으며, 반복적으로 '아니야, 내꺼야, 싫어, 하지 마'라고 자기의사를 표현할 수 있는 말을 알려 주도록 하세요. 아직 말을 못 한다면 간단한 행동으로 표현할 수 있는 방법을 반복해 알려 주는 것이 좋습니다.

새싹 단계 Solution

구강기가 지났음에도 무는 행동을 한다면 기본적으로 이전부터 무는 행동을 해왔을 것이고 이것이 습관이 되었을 가능성이 큽니다. 정서적으로 불안감이나 스트레스가 많은 것은 아닌지도 점검해 보아야 합니다.

또한 또래에 비해 언어가 늦은 편이거나 평소 자신의 비언어적 의사 표현이 잘 수용되지 않을 때 여전히 부정적 감정을 공격행동으로 표현할 수 있어요. 그러므로 아이의 언어발달을 촉진시켜 자신의 감정을 언어로 표현할 수 있게 도와주는 것도 매우 중요해요.

만약 36개월이 된 아이라면 전문가의 진단을 받아보도록 하고 이제는 언어치료가 늦어지지 않도록 해야 합니다.

이 단계라면 아마 이전부터 무는 행동을 하는 아이였을 가능성이 크고, 이미 하지 말아야 할 행동임을 충분히 알고 있을 거예요. 그러므로 훈육할 때는 길게 설명하는 것보다 아이가 스스로의 행동을 생각해 볼 수 있도록 언어적 자극 없이 단호한 표정으로 10초 정도 눈을 맞추고 기다려준 후 훈육을 시작하세요.

상황에 따라 양육자의 침묵이 아이 스스로 잘못된 행동과 상황을 돌아보는 것에 도움이 될 때도 있습니다.

 YouTube 채널 <이민주 육아상담소> ▶
양육자가 일상에서 할 수 있는 언어 자극법을 참고하세요.

열매 단계 Solution

이 시기가 되어 충분히 소통할 수 있음에도 무는 행동을 한다면 양육환경에서 자기감정을 조절하고 통제하는 능력을 키워주는 경험을 제공했는지 반드시 점검해 보세요. 이제는 스스로 감정을 조절하고 통제할 수 있어야 합니다.

더불어 아이를 훈육할 때 체벌이 이뤄지고 있다면 중단하세요. 체벌은 그대로 아이에게 모델링이 되어 자기보다 힘이 약하다고 판단되는 사람에게 부정적인 감정을 표현할 때 곧바로 공격행동을 할 수 있습니다.

민주 선생님 Tips

아이의 감정 조절력을 길러주기 위해서는 아이 앞에서 양육자가 감정을 잘 조절하고 통제하는 모습을 보여 줄 수 있어야 합니다.

특히 화가 날 때 하는 행동은 그대로 아이에게 모델링이 될 수 있고, 그런 모습을 보이면서 아이에게 하지 말아야 할 행동에 관해 설명한다면 이제는 '엄마, 아빠는 소리지르고 화내는데 왜 나는 화내면 안 돼?'라고 생각할 수 있습니다.

• 때리고 꼬집는 아이

고민내용

돌이 지나고부터 원하는 것이 있을 때나 마음에 들지 않을 때는 무조건 때리고 꼬집습니다. 그런데 지금은 어느 정도 말로 의사 표현이 가능한데도 불구하고 어린이집에서 친구를 많이 때리고 꼬집는 것 같아요.

안 된다고 계속 알려 주었지만 여러 차례 담임선생님의 전화가 올 때마다 난감할 때가 많았어요. 불편할 땐 손부터 나가는 아이 어떻게 해야 고쳐줄 수 있을까요?

민주 선생님's ✔Check point

☑ 함께 놀이를 하거나 놀이감을 공유하기가 어려운 발달 수준은 아닌가요?

☑ 정서적으로 불안함 또는 스트레스가 있는 것은 아닌가요?

☑ 양육환경에서 체벌이 이뤄지고 있는 것은 아닌가요?

☑ 훈육 과정에서 올바른 표현법까지 알려준 후 마무리가 되었나요?

해석

때리고 꼬집는 공격 행동은 무는 행동을 하는 아이의 행동 특성과 비슷합니다. 혹시 양육환경에서 체벌이 이뤄지고 있다면 아직 옳고 그름을 판단하기 어려운 아이들이 부정적인 감정을 표현할 때 체벌과정이 모델링이 되었을 수 있습니다.

언어발달이 미숙하므로 자신의 부정적 감정을 표현하는 방법으로 공격적인 행동을 그대로 모방하여 사용할 수 있습니다.

또한 동생이 생겼거나 엄마, 아빠가 다투는 모습을 자주 노출했거나 이사, 어린이집 등원 또는 이동 등 아이의 환경적인 변화에서 스트레스 요인이 있었다면 훨씬 더 이런 행동들을 보일 가능성이 큽니다.

그럼에도 불구하고 어떠한 이유에서든 물고 때리고 꼬집는 공격적인 행동은 절대로 허용될 수 없다는 것을 아이에게 반드시 알려줄 수 있도록 해야 합니다.

훈육상황에서 올바른 표현법을 알려 주지 않고 아이의 잘못된 행동에만 초점을 두고 훈육이 이뤄졌다면 그 다음 상황에서 올바른 표현법을 모르기 때문에 똑같이 행동할 수밖에 없음을 설명하세요.

씨앗 단계 Solution

특히 언어적 표현이 어려운 이 시기 두드러지게 나타나는 행동입니다. 원하는 것이 있을 때, 자기 놀이를 방해받는다고 생각할 때 때리거나 꼬집는 행동을 할 수 있고, 반대로 방어적인 행동으로 오히려 때리고 꼬집는 공격행동을 보이기도 합니다.

발달 단계적으로 아직 타인과 함께 놀이를 하기는 어려우므로 되도록 분리하여 놀이를 하도록 해야 합니다. 함께 놀이를 하더라도 성인의 도움이 필요하고, 특히 놀이감을 따로 제공하여 갈등 상황을 최대한 차단해 주는 것이 좋습니다.

공격행동을 보일 때는 아주 간결하고 단호하게 "안 돼."라고 이야기하고, 평소 아이의 마음을 제스처로 대신 표현하는 모습을 자주 보여 주세요(주세요, 싫어, 아니야, 내꺼야, 하지만 등 주로 아이가 표현하는 것들을 아이가 할 수 있는 쉬운 동작으로 보여 주며 알려 주세요).

훈육상황에서 단호하게 "아니야!"라고 이야기할 때에는 아이와 눈을 맞추고 무표정으로 5~7초가량 침묵하여 스스로 생각할 시간을 주는 것도 좋은 방법이 될 수 있어요. 말로 표현하는 것보다 아이가 "어? 뭐지? 내가 뭘 잘못했나?"라고 느낄 수 있도록 침묵의 시간을 가지는 것이 효과적일 수 있습니다.

새싹 단계 Solution

이전부터 때리고 꼬집는 행동을 하였다면 이 시기에는 하면 안 되는 행동이라는 것은 알고 있을 거예요. 하지만 머리로 아는 것과 달리 원치 않는 상황이 되면 공격적인 의도이든, 방어적인 의도이든 실제로 자신의 행동을 통제하기는 어려운 시기입니다. 그러므로 때리고 꼬집으면 안 된다는 그것까지만 훈육하면 행동수정이 어렵습니다.

때리거나 꼬집지 않고 자기 의사를 표현할 수 있는 쉬운 방법, 아이의 개별 수준에 맞춰서 할 수 있는 표현법을 반드시 알려줄 수 있도록 해야 합니다. "친구를 때리고 꼬집으면 안 돼! 친구가 아프고 속상해." 타인의 감정까지 이야기해 주고 "~하고 싶을 때는, 불편할 때는 ~하는 거야." 등의 올바른 표현법까지 정확하게 알려 주고 훈육상황을 마무리해 주세요. 이 과정은 수도 없이 반복해 주어야 합니다.

민주 선생님 Tips 아이가 문제행동을 보일 때만 훈육이 이뤄지는 것이 아니라 평소 관련 그림책을 활용하여 아이 스스로 객관적인 판단을 할 기회를 자주 주세요. 그리고 그림책의 내용과 아이에게 자주 벌어지는 상황을 연계시켜 반복적인 의사 표현을 하도록 해 보세요.

YouTube 채널 <이민주 육아상담소> ▶
주제별 그림책 추천은 채널 영상을 참고하세요.

열매 단계 Solution

언어적 의사소통이 충분히 가능한 상황임에도 공격행동을 보인다면 습관적으로 또는 체벌 때문에 부정적 자기 감정표현이 자연스럽게 공격적인 행동으로 이어질 수 있습니다.

아이를 훈육할 때는 어떤 경우에도 체벌하지 않고 양육자의 감정을 배제하고 훈육할 수 있도록 해야 합니다.

또한 평소 아이의 감정이 수용되지 못하고 억눌려 스트레스가 많은 것은 아닌지, 일상에서 아이가 자기 조절력을 키워나갈 수 있는 경험을 하고 있는지 양육자의 다툼 상황이 노출되고 있지는 않은지도 점검이 필요합니다.

평소에 그림책을 보거나 극놀이를 통해 타인의 감정을 이해하고 사회성을 발달시켜 줄 기회를 많이 제공해 주세요. 또 올바른 표현법으로 표현했을 때에는 꼭 칭찬해 주어 그 행동을 강화해 주세요.

충분히 대화가 가능한 시기이므로 평소 자기 전이나 식사시간 등 아이와 이야기를 나눌 수 있을 때 아이의 말을 많이 들어주고 공감해 주며, 양육자와의 관계를 긍정적으로 쌓아가는 것도 필요하고 이 경험은 아이가 자기감정을 조절하는 데 도움이 될 수 있습니다.

• 물건을 던지는 아이

고민내용

아이가 물건을 자주 던집니다. 처음에는 장난감만 던졌는데, 버릇이 되었는지 이제는 기분이 좋지 않거나 떼쓸 때 뭐든 던지는 행동을 하고, 가끔 기분이 좋을 때도 소리를 지르며 책이나 장난감을 던집니다.
최근에 던지지 못하게 제지하거나 훈육을 했더니 오히려 크게 소리를 지르거나 눈을 맞추고 일부러 던지는 행동을 하기도 하니 어떻게 하면 좋을까요?

민주 선생님's ✔Check point

☑ 아이의 발달 단계를 고려했나요?
☑ 던지면 안 되는 이유에 대해 정확하게 알려 주었나요?
☑ 던지는 행동 대신 할 수 있는 대체행동을 제시하였나요?

해석

아이가 물건을 던지는 이유는 크게 세 가지입니다. 첫째, 발달 단계에서 물리적인 힘을 가했을 때 변화하는 상황들에 흥미를 갖는 시기이므로, 뭐든지 던지고 떨어뜨리고 무너뜨리는 것을 즐거워해요. 이 시기에 대소근육의 발달에 따라 물리적인 호기심으로 하는 행동입니다.
둘째, 처음 물건을 던졌을 때 긍정이든 부정이든 주변에서 반응해 주는 관심을 끌기 위한 행동입니다.
셋째, 속상하거나 화나는 마음 등 자신의 부정적인 감정을 표현하는 공격행동입니다.

이렇게 물건을 던지는 것에도 다양한 원인이 있으므로 아이가 물건을 던질 때 왜 던지는 것인지 그 원인을 파악한다면 그것에 맞게 적절한 대처와 훈육이 이뤄질 수 있으므로 먼저 관찰해 보세요.

씨앗 단계 Solution

씨앗 단계의 아이들은 대체로 첫 번째 이유로 물리적인 힘에 대한 흥미 때문에 물건을 던지는 행동을 많이 하게 됩니다. 대소근육이 발달함에 따라 자신의 팔 다리에 힘을 가하고 휘둘렀을 때 물건이 떨어지거나 무너지거나 튕겨 나가는 등 변화하는 상황에 굉장한 흥미가 유발되고 호기심이 생기는 것입니다. 한번 뒤집기 시작하면 계속 뒤집고 계단을 오르내리기 시작하면 계속 오르내리는 것처럼, 던지고 발로 차고 무너뜨리려는 욕구가 강해집니다. 이럴 때는 무조건 하지 못하게 제지하기 보다는 아이의 발달 단계를 이해하고 욕구를 충족시켜 주는 것이 중요해요. 그러므로 던질 수 있는 공, 풍선, 무너뜨릴 수 있는 블록과 던지면 안 되는 물건들을 구분하여 반복적으로 알려 주세요.

새싹 단계 Solution

씨앗 단계와 마찬가지로 솔루션을 진행하면서 아이가 만약 관심 끌기를 시도하거나 식사를 하면서 음식이나 식기류를 떨어뜨리지는 않는지, 물건을 던지고 양육자의 반응을 살피지는 않는지 관찰해 보세요.
두 번째 이유인 주변의 관심 끌기로 물건을 던지는 행동을 한다면 이전에 이미 던지면 안 되는 이유에 대해서도 충분히 훈육하여 알고 있을 거예요. 관심을 끌기 위한 행동이기 때문에 크게 반응하거나 구체적으로 설명하기보다는 "안 돼."라고 단호하고 간결하게 이야기한 후, 던진 물건을 아이 손이 닿지 않는 곳으로 치운 후 자리를 떠나 무관심한 태도를 보여 주세요.

열매 단계 Solution

감정이 세분화되어 다양한 감정을 느끼지만, 아직 표현이 서툰 이 시기의 아이들은 공격행동으로 물건을 던지는 행동을 종종 보일 수 있어요. 어떤 경우에도 물건을 던지면 안 된다는 것을 알려 주세요.

단, 던지고 싶은 감정을 느낀 아이의 화나고 속상한 마음은 충분히 공감해 주어야 하며, 던지면 안 되는 이유 또한 분명하게 알려 주세요(예 : 자신 또는 다른 사람이 던진 물건 때문에 다칠 수 있다거나 물건이 망가질 수 있다는 점 등).

마지막으로 화날 때 표현할 수 있는 방법을 알려 주고, 또한 던지고 싶은 마음이 들 때 대체할 수 있는 행동도 제시해 주면 도움이 됩니다(예 : 안전한 곳에서 공 던지기, 심호흡하기, 비눗방울 불기, 풍선놀이, 신문지 찢기 등).

"엄마, 내가 손으로 건드렸더니
물건이 툭! 하고 떨어졌어요,
너무너무 신기하죠?"

"엄마, 화가 나서 물건을 던졌더니
화가 난 마음만큼 물건이 멀리 날아가 버렸어요,
하지만 기분이 좋진 않았어요,
화가 날 땐 어떻게 행동해야 기분이 나아질 수
있는 건가요?"

"엄마, 내가 점점 힘이 세지고 몸도 튼튼해져서
에너지가 넘치는 거 있죠?
그럴 땐 어떤 물건을 던지고 발로 차고
무너뜨리고 싶어져요,
이건 위험한 행동인가요?
그렇다면 어디서 어떤 물건을 던지고 발로 차고
무너뜨리며 놀이할 수 있을까요?

엄마 가르쳐 주세요 ˙◡˙

- 이민주 육아연구소 -

분노조절이 힘든 아이

고민내용

저희 아이는 전혀 분노조절이 되지 않는 것 같아요. 조금만 불편하거나 화가 나도 소리를 지르고 스스로의 흥분된 감정도 조절이 쉽지 않아요. 이 상태에서는 무슨 말을 하더라도 더 크게 반응하여 발을 구르고 바닥에 드러누워 소리치기도 합니다.

그렇다고 관심을 주지 않으면 엄마나 아빠에게 매달려서 울고 떼를 쓰네요. 이럴 땐 어떻게 훈련해야 하나요?

민주 선생님's ✓Check point

☑ 모든 양육자가 일관된 태도로 양육에 참여하고 있나요?

☑ 아이를 훈육할 때 양육자는 화가 나서 흥분된 모습을 보이지 않고 감정조절을 잘하고 있나요?

☑ 아이가 관심을 끌기 위한 수단으로 분노를 보이지는 않나요?

해석

아이가 흥분한 상태로 분노조절이 되지 않을 때 가장 중요한 것은 아이의 안전을 위한 주변 정돈입니다.

아이가 흥분해서 주변을 살피지 않고 과격한 행동을 할 수 있으므로 만약 정돈이 힘든 장소라면 먼저 안전한 공간으로 이동하는 것이 최우선입니다. 그다음 적절한 훈육이 이뤄질 수 있도록 해 주세요.

분노하는 데는 다양한 원인이 있을 수 있는데 그 원인을 생각해 보아야 합니다. 특정 원인이 있는지 또는 양육자의 관심을 끌려고 할 때 과한 행동을 표출하는지 파악하는 것도 중요해요.

관심을 주지 않을 때 몸에 매달리고 더 크게 떼를 쓴다면 이전에 강하게 분노했을 때 양육자가 제지하거나 훈육하는 행동을 했던 경험이 아이에게는 관심으로 받아들여져 분노의 행동이 더 강화되었을 수 있습니다.

민주 선생님 Tips

아이가 분노하고 흥분하게 되면 양육자도 같이 부정적인 감정을 조절하지 못하고 표출하게 될 거예요. 그런데 아이의 행동을 제대로 변화시키기 위해서는 아이가 이성을 잃었을 때 양육자는 더더욱 이성적인 태도를 보여야 합니다. 아이의 감정에 휘둘리지 않도록 주의하세요.

씨앗 단계 Solution

씨앗 단계는 아직 정서 발달이 미숙하고 자기감정에 대한 이해력이 부족합니다. 또한 언어로 자기 의사 전달이 어려우므로 특히 더 표현하는 것이 서툴 수 있어요.

아이 스스로가 느끼는 감정을 아직 잘 알지 못하므로 '화가 난다, 속상하다, 슬프다, 짜증난다' 등 명확하게 언어화해 주고 분노를 표출하는 마음을 온전히 공감해 줄 수 있어야 합니다.

아직은 행동에 대한 긴 설명보다는 아이의 마음에 공감해 주어 '부정적인 어떤 감정을 느낄 때 양육자가 자신을 이해하고 도움을 줄 수 있구나. 이렇게 화를 내지 않아도 해결할 수 있구나!'를 느낄 수 있도록 해 주세요. 감정에 대해 언어화해 주는 과정을 통해 아이가 언어 발달이 이뤄지면 자연스레 자기감정을 언어로 전달할 수 있게 됩니다.

민주 선생님 Tips

감정에 대한 인지가 부족한 단계에서 분노하는 아이의 행동에 대해서만 훈육이 이뤄진다면 자기감정 조절이 되지 않을 뿐더러 부정적인 감정을 느끼는 자신을 잘못 인식하여 자존감마저 낮아질 수 있으니 주의하세요.

새싹 단계 Solution

화가 나는 아이의 마음은 씨앗 단계와 마찬가지로 충분히 공감을 해 주되, 안 되는 것에 대해서는 단호하게 안 된다고 알려 주고 스스로 감정을 추스를 수 있도록 기다려 주세요. 이 시기부터는 자기감정을 정리하는 연습이 필요합니다. 울면서 떼를 쓸 때 긍정적이든 부정적이든 계속해서 언어적, 비언어적으로 반응해 주는 양육자의 행동은 아이가 감정조절법을 배워나가는 데 아무런 도움이 되지 않아요.

언어 발달이 미숙하기 때문에 자기표현은 어렵지만, 울고 떼쓰고 흥분된 마음을 조절하는 훈련은 충분히 가능합니다. 아이가 마음을 진정한 후에 공감과 훈육이 이뤄질 수 있도록 하고, 이때 어떻게 표현해야 하는지까지 알려 준 후, 훈육을 마무리할 수 있어야 합니다.

만약 아이가 위험할 정도로 흥분한 상태라면 아이의 몸을 잡고 안전을 확보해 주되, 아이가 여전히 흥분을 가라앉히지 못할 때는 언어적 훈육은 오히려 자극이 될 수 있으므로 시작하지 않아야 합니다. 이때 아이에게 주는 메시지는 '무시'가 아니라 '기다림'이 되어야 합니다. 아이 또한 이 메시지를 느낄 수 있도록 양육자의 태도가 중요해요.

열매 단계 Solution

열매 단계에서 아이의 분노가 관심을 요구하는 표현은 아닌지 관찰이 이뤄져야 합니다. 관심을 받고 싶은데 어떤 식으로 표현해야 양육자의 관심을 받을 수 있는지 모르거나, 평소 아이의 욕구가 충족될 만큼의 관심을 받지 못함으로 인해서 결국 분노를 통한 부정적인 방법으로 관심을 받고자 하는 속마음이 담겨 있을 수 있어요.

동생이 태어났다거나 양육자가 복직했다거나 아이가 스트레스를 받을 만한 상황은 없는지 살펴보아야 합니다. 아이가 분노하는 이유에 대해 잘 관찰한 후에 적절한 대처가 이뤄져야 해요.

아이가 관심받고 싶은 마음은 충분히 공감해 주고, 양육자도 변화된 모습으로 아이에게 관심을 주되, 분노하는 상황에서는 스스로 감정을 정리할 수 있도록 새싹 단계와 같이 훈육해 주세요. 그리고 양육자는 절대로 아이와 같이 흥분해서는 안 된다는 것을 명심하세요.

민주 선생님 Tips

충분히 대화가 되는 시기이므로 아이가 진정한 후에 이 다음에 또 화가 난다면 양육자가 필히 도움을 줄 수 있다는 메시지를 적극적으로 전달하도록 하고, 손을 잡고 '하나 … 열' 까지 숫자를 세며, 함께 진정해 볼 수 있도록 규칙을 정해 보세요.

이때는 아이의 편에서 힘들었을 아이의 마음에 공감하며 최대한 긍정적인 태도로 대화해야 합니다. 그래야 아이도 온전히 마음을 열고 자기 의견도 이야기하고 양육자의 의견도 수용할 수 있겠죠.

• 자해하는 아이

고민내용

저희 아이는 말이 늦은 편입니다. 그래서인지 더 어렸을 때부터 자기 머리를 때리고 벽에 머리를 박더라고요. 대체로 아이 아빠가 훈육하는 편인데, 아빠 앞에서는 무서워서 그런지 자해 행동을 하지 않는 것 같은데 다른 사람들 앞에서, 특히 할머니, 할아버지가 함께 있을 때 자해 행동을 더 심하게 하고 소리를 지르고 공격행동을 하기도 합니다. 공감해 주면서 아이를 타일러야 할지 단호하게 제지해야 할지 어떤 것이 좋은 방법인지 모르겠어요.

민주 선생님's ✔Check point

☑ 언어가 늦은 것은 아닌가요?

☑ 자해 행동을 할 때 과민하게 반응한 것은 아닌가요?

☑ 평소 아이의 부정적인 마음에 대한 수용이 부족한 것은 아닌가요?

☑ 아이가 지내는 환경에서 스트레스가 많은 것은 아닌가요?

해석

원하는 것을 얻지 못했거나 하지 못할 때, 부정적인 감정을 자해 행동으로 표출하는 것 또한 떼쓰기의 일종입니다. 아이가 자기를 때리고 소리지르고 머리를 박거나 바지를 벗는 행동 등 대부분 관심을 끌기 위함입니다.

아이의 연령이나 발달 수준마다 대처법이 조금씩 다르지만 대체로 자해 행동을 하는 순간에는 관심을 주지 않는 것이 좋아요. '자해 행동을 했더니 엄마, 아빠가 깜짝 놀라면서 크게 반응해 주고 관심도 가져주더라'라는 인식을 하게 된다면 자해 행동은 관심을 끌기 위한 수단이 될 거예요.

그래서 대부분의 훈육은 곧바로 이뤄지는 것이 정석이지만, 자해 행동에 대한 훈육은 우선 무반응으로 대처를 하고 자해 행동을 하지 않을 때 기본적으로 아이의 마음을 잘 살피면서 혹시 양육자가 주는 관심이 부족한 것은 아닌지, 양육자의 부정적인 감정이 그대로 전달되는 것은 아닌지, 스트레스를 받을 만한 상황에 처해 있는 것은 아닌지 세심한 점검이 필요합니다.

언어가 늦은 아이들이 특히 더 오랫동안, 더 쉽게 자해 행동을 보일 수 있으므로 아이의 언어 발달을 촉진 시켜 줄 수 있는 역할을 반드시 해 주어야 합니다.

민주 선생님 Tips

YouTube 채널 <이민주 육아상담소> ▶
언어를 촉진해 주는 방법은 영상 자료를 참고하세요.

씨앗 단계 Solution

자해 행동이 나타나기 시작하는 시기는 보통 12개월 전후입니다. 신체 발달이 이뤄지면서 어느 정도 자신의 몸을 의지대로 움직일 수 있게 되므로, 머리를 박거나 주먹으로 머리를 때리거나 손바닥으로 얼굴을 때리는 등 자해 행동이 시작됩니다. 처음에는 가볍게 시작되지만 초기에 적절한 대처가 이뤄지지 못한다면, 점점 그 강도는 심해질 것입니다.

자신의 부정적인 감정을 표현하는 수단이지만 기본적으로 관심을 끌기 위한 행동이기도 하므로, 아이가 자해 행동을 할 때는 "아니야!"라고 한 번 알려준 후 그 행동을 더 반복한다면 자리를 뜨세요. 그런 행동에 관심을 보이지 않는다는 표현이기 때문에 아이에게 등을 보이거나 거리를 둘 수 있도록 하고, 주변에 위험한 물건이 있다면 곧바로 정리해 두고, 아이가 눈치채지 못하게 관찰은 계속 할 수 있도록 하여 안전을 지켜주어야 합니다. 안 된다고 알려 주는 것은 필요하지만, 안 된다는 표현에도 불구하고 자해하는 행동이 지속된다면, 양육자의 훈육마저도 관심으로 오해할 수 있으므로 무반응으로 대처해준다면 자연스럽게 사라질 수 있는 행동입니다.

새싹 단계 Solution

시작은 씨앗 단계의 아이들이 많이 하지만, 강도가 가장 심한 것은 아마 새싹 단계의 아이들일 거예요. 그 이유는 바로 신체는 더 발달하고 자아도 더 강해졌지만, 그에 비해 자신의 감정을 표현할 수 있는 언어는 아직 미숙하기 때문입니다. 근본적으로는 아이의 언어 발달을 도울 수 있도록 하는 것이 최우선이고, 자해 행동을 할 때는 씨앗 단계와 같이 안전을 확보한 후에는 무반응으로 대처해 주세요.

언어로 설명하거나 아이를 제지하거나 공감해 주는 것조차 자신의 행동이 관심으로 수용되었다고 착각할 수 있으므로 자해를 하는 동안은 무조건 쳐다보거나 말을 하지 말고 곧바로 등을 돌리고 있어야 합니다(단, 등을 돌리더라도 아이가 눈치채지 못하게 관찰은 이뤄져야 함). 그리고 자해하지 않을 때 자신의 부정적인 감정을 표현하는 방법들을 아이 수준에 맞춰 "싫어, 아니야, 불편해."를 알려 주고(비언어적 표현 포함), 일상에서는 아이에게 관심을 충분히 보일 수 있도록 하면서 공감의 반응이나 칭찬, 애정표현도 많이 해 주도록 해야 합니다.

열매 단계 Solution

이 시기가 되어 충분히 언어표현이 가능한데도 자해하는 행동을 할 때는, 무반응보다는 단호하게 하지 말아야 할 행동임을 알려 주는 것이 좋습니다. 이는 언어 발달과 더불어 인지 발달도 충분히 이뤄진 상태에서 가능한 상황이며, 5살 이후 아이들에게 가능합니다. 이 시기 아이가 자해 행동을 하는 것은 관심의 표현도 있지만, 스트레스가 많아 공격성을 보이는 행동일 수도 있습니다.

평소 아이와의 소통법에 대해 다시 한 번 점검해 보고 아이가 어떤 부분에서 스트레스를 받고 있는지, 양육자의 어떤 행동에서 아이가 마음을 충족하지 못하고 있는지도 살펴야 합니다. 그리고 자해 행동이 아니라 대화를 수단으로 이야기를 나눌 때, 훨씬 더 자신의 마음을 잘 전달할 수 있다는 것을 느끼게 하고 양육자도 아이가 요구하는 것들을 잘 들어줄 수 있다고 충분히 공감해 주고 알려 주세요.

생활습관

- 배변훈련(Q&A)
- 씻는 것을 싫어하는 아이
- 약속, 규칙을 지키지 못하는 아이
- 위험한 행동을 하는 아이
- 정리정돈이 힘든 아이
- 차례를 기다리지 못하는 아이
- 청결에 집착하는 아이
- 카시트를 거부하는 아이

● 배변훈련

고민내용

아기의 배변훈련이 중요하다고 하던데 언제 시작하고 또 어떻게 배변훈련을 해야 아이에게 가장 좋은 것인지, 상처 주지 않고 기저귀를 뗄 수 있는 방법이 궁금합니다.

민주 선생님's ✓Check point

- ☑ 배변훈련은 연령(개월 수)에 상관없이 아이 자신의 배변훈련 시기에 맞춰 진행합니다.
- ☑ 일상에서 배변훈련에 대한 관심을 유도하는 것부터 시작해야 합니다.
- ☑ 기저귀를 벗기는 것은 배변훈련의 마지막 단계입니다.

해석

자녀가 보통 두 돌쯤 되면 배변훈련을 시작해야 할지 고민하실 거예요. 배변 조절은 단순히 대소변을 가리는 것이 아니라 아이가 태어나 처음으로 내 몸을 조절하고 통제하는 경험이기 때문에 쾌감, 성취감, 즐거움을 느낄 수 있어요. 이는 성격, 정서발달, 자기 조절력에도 영향을 줄 수 있으므로 올바른 방법으로 접근해야 해요. 잘못된 방법으로 훈련이 되었을 때는 규칙에 지나치게 얽매이거나 또는 규칙을 수용하지 못하거나 결벽증, 강박증이 생길 수 있으므로 주의해야 합니다.

 배변훈련은 연령과 무관하게 동일한 방법으로 이뤄져야 하지만 기저귀를 떼는 시기는 아이마다 다르므로 단계를 구분하지 않고 알려드립니다.

민주 선생님 Tips

배변훈련의 적절한 시기를 알아 두세요!

신체발달은 15~18개월 무렵 자율 신경계 및 대소변 조절 근육이 발달하기 시작합니다. 또한 18~36개월이 되면 구강기에서 항문기로 넘어가는 시기로 뭐든지 입으로 가져가며 에너지의 중심이 구강에 있다가 항문으로 이동하게 됩니다. 이때가 적절한 배변훈련 시기가 되겠죠.

그러나 배변훈련의 시작은 양육자가 정하는 것이 아니라 아이가 준비되었을 때 시작해야 합니다. 빨리 시작한다고 빨리 이뤄지는 것이 절대로 아니기에 조급함은 금물입니다. 아이의 배변조절 시기는 개인차가 매우 크기 때문에 이를 존중해 주어야 합니다.

배변훈련 시기, 아이가 보내는 4가지 신호를 기억해 주세요!

하나. 간단한 지시를 이해하고 수행하는지의 인지발달과, 혼자 서고 바지를 내릴 수 있는 신체발달이 이뤄졌는지 관찰합니다.

둘. 대소변을 볼 때 활동이나 걸음을 멈추는 행동을 하는지, 배변 후 기저귀를 만지는 등 배변을 했다는 표현을 하는지를 관찰합니다.

셋. 대소변을 본 후 기저귀를 찝찝해하거나 기저귀 착용에 대해 불편해하거나 싫어하는지도 함께 관찰합니다.

넷. 아이의 소변 간격이 길어졌는지 관찰합니다. 소변 간격이 30분 정도로 짧다가 1시간~1시간 30분으로 길어졌다면, '이제 신체적으로 조절이 어느 정도 가능하구나!'라고 생각하고 배변훈련을 시작하면 됩니다.

이런 네 가지 신호를 아이가 반복적으로 보낸다면, 배변훈련을 충분히 시작해도 됩니다. 다만, 두세 가지 신호만 나타내더라도 마냥 기다리기보다는 배변과 관련한 놀이, 노래, 그림책 등을 활용해서 관심을 보일 수 있도록 특히 변기에 대해 친근감을 느낄 수 있도록 하고, 유도해 주는 것이 필요합니다.

반대로 아이는 준비가 되었는데 엄마가 아이의 신호를 놓칠 경우에는 배변훈련 자체가 지연될 수 있어 조심해야 합니다.

배변훈련 방법의 4단계입니다!

1단계 : 관심 수용하기

아이가 배변훈련의 신호를 보내고 있다면 아이가 조작할 수 있는 물 내리는 소리 등 흥미로운 배변 관련 그림책 보여주기, 배변 관련 노래 들려주기, 유아 변기를 준비하는 등 관심을 수용해 주고, 놀이로써 적절한 자극을 주어야 합니다. 유아 변기는 아이 생활공간 또는 화장실에 비치하여 변기에 친숙함을 느낄 수 있도록 하고, 또한 아이가 유아 변기가 아닌 일반 변기에 관심을 가진다면 용변을 볼 때 불편함이 없도록 변기 커버나 발 받침을 준비해 주어 아이가 언제든 스스로 갈 수 있게 해 줘야 합니다.

2단계 : 아이의 배변 횟수, 양 파악하기

18개월이 지나면서 점차 아이의 배변 간격이 일정해집니다. 이를 잘 관찰하고 아이가 배변할 시간이 되기 전에 미리 변기에 가볼 것을 제안해 본다면, 아이는 배변을 기저귀가 아닌 변기에 시도하고 성공할 수 있는 확률이 높아질 수 있어요. 단, 아이가 기저귀를 착용한 상태라 하더라도 최소 10회 이상 기저귀가 아닌 변기에 성공했을 때 비로소 기저귀를 빼주어야 합니다.

3단계 : 배변표현 언어를 알려 주고 반응해 주기

24개월 전후의 아이라면 대소변을 쉬, 응가(응)와 같이 간단한 언어로 표현할 수 있습니다. 배변하는 과정에서 반복적으로 표현 방법을 정확하게 알려 주고 아이가 표현할 때에는 지체하지 않고 변기에 앉을 수 있도록 해야 합니다. 아이가 소극적으로 표현하더라도 민감하게 반응해 주세요. 그렇지 않으면 배변에 대한 자발적 의사표현의 필요성을 느끼지 못해 자칫 표현 자체를 하지 않게 될 수 있어요.

4단계 : 양육자가 모델링이 되어 주고 점차 기저귀 없이 생활하는 시간 늘려주기

부모가 화장실을 사용하는 모습을 보여 주면 변기에 대한 거부감을 줄일 수 있어요. 기저귀 없이 생활하는 시간을 조금씩 늘리면서 아이가 좋아하는 색과 그림이 있는 팬티와 아이 변기를 준비하여 기대감을 높여 주는 것도 도움이 된답니다. 팬티나 변기를 거부하거나 낯설어하는 아이라면 팬티와 변기를 직접 고르도록 하는 것이 도움이 될 수 있습니다.

배변훈련 시 주의할 점, 이것만은 지켜 주세요!

하나. 배변훈련 시작과 동시에 기저귀를 빼는 것은 옳지 않아요. 충분한 연습이 필요한 훈련 단계에서 양육자 기준에서 배변훈련을 시작하면서 기저귀를 빼는 것은 아이 입장에서 굉장히 혼란스러우며, 초반 잦은 실수에 좌절하고 기질에 따라 공포스럽게 느낄 수 있으므로 기저귀를 빼는 것은 배변훈련의 마지막 단계라는 것을 기억해 주세요.

둘. 아이가 배변 의사를 표현할 때 시간을 지체하지 말고 곧바로 변기에 배변할 수 있도록 도와주세요. 양육자가 바빠서, 귀찮다는 이유로 타이밍을 무시하게 되면 아이 또한 조절해야 할 필요성을 느끼지 못하고 관심이 떨어져 지연될 수 있어요.

셋. 대소변이 나오지 않는다면 변기에 너무 오래 앉아 있게 하지 말고 30분 정도 후에 다시 시도하도록 해 주세요. 건강에도 좋지 않을 뿐더러 변기에 오래 앉아 있어서 힘들었던 기억은 아이에게 도움이 되지 않아요.

넷. 젖은 기저귀를 오래 방치하지 말아야 합니다. 평소에 보송함을 유지한다면 젖은 기저귀에 대한 불편함을 더 잘 느끼고 표현할 수 있는데, 젖은 기저귀에 익숙한 아이들은 불편함을 크게 느끼지 못하기 때문에 배변 시기 또한 늦어질 수 있어요.

다섯. 배변 훈련을 시도했다면 배변 성공 여부와 상관없이 공감하고 칭찬해 주세요. 실패하더라도 절대 윽박지르거나 재촉하지 않도록 해야 해요. 또한 실수에 대해서도 너무 집중하게 되면 아이는 죄책감이나 불안감이 높아지고 자신감이 없어집니다. 반대로 성공에 대해서도 과도한 칭찬은 좋지 않아요. 과도한 칭찬을 한다면 아이가 지나치게 부담감을 가질 수 있으니 주의해야 합니다.

배변훈련 Q&A

Q1. 쉬하고 싶을 때 말하라고 반복적으로 알려줘도 왜 말을 하지 않을까요? 또는 왜 쉬하고 나서 얘기를 할까요?

언어적으로 쉬~ 라고 충분히 표현할 수 있음에도 계속해서 실수를 하기 때문에 이해할 수 없겠지만, 아이들은 아직 '쉬하고 싶다, 쉬했다, 쉬가 나오고 있다'를 구분하는 것이 어려울 수 있어요. 아이 인생 2~3년 내내 기저귀에 쉬를 하다가 이제는 변기에 반복적으로 연습을 해 보는 과정을 통해서 '아, 이런 느낌이 들면 곧 쉬가 나오겠구나, 아, 이런 느낌이 들면 변기에 가야 하는구나!'를 머리가 아닌 몸으로 배우는 것입니다.

Q2. 팬티를 입혔더니 팬티에 쉬를 줄줄 해요~. 기저귀 다시 채워야 하나요?

늘 강조하는 것이 바로 양육자의 기준에서 "자, 오늘부터는 배변훈련 할 거니까 또는 형아 됐으니, 기저귀는 안녕하고 예쁜 팬티를 입는 거야."라고 알려주며 기저귀를 빼고 팬티를 입히는 것이 아니라, 아이 본인이 기저귀가 아닌 팬티를 입고 조절할 수 있는 충분한 연습 시간을 주어야 해요.

그래서 기저귀를 한 상태로 소변 간격에 맞춰 미리 아이를 변기 앞에 데려가고 변기에 시도해 볼 수 있도록 유도합니다. "쉬하고 싶어?, 쉬가 있어?"라고 물어보는 건 굉장히 좋아요. 그런데 아이가 "아니."라고 대답한다고 해서 "그럼, 쉬하고 싶을 때 얘기해."하고 곧바로 끝내는 것이 아니라 처음 훈련을 하는 동안에는 쉬를 할 수 있도록 유도해서 변기에 앉아보거나 서보는 것이 중요해요. 그래서 어느 순간 변기에 '쪼르르' 쉬가 나오면 아이도 굉장히 깜짝 놀라며 '이게 뭐지?'하고 느낍니다.

이때 너무 과하지 않은 칭찬을 해 주면서 "쉬가 나왔네. 변기에 쉬했네. 잘했어, 다음에도 기저귀 말고 변기에 쉬하는 거 성공해 보자!" 아이와 박수나 하이파이브를 하며 기분 좋게 이야기해 주고, 유아 변기에 있는 소변을 변기에 붓고 "쉬 안녕~" 하고 인사한 후 직접 물을 내리거나 손을 깨끗하게 씻는 것까지 마무리할 수 있도록 하는 과정이 중요해요. 이 과정을 기저귀가 젖지 않고 10회 정도 성공했을 때에 비로소 아이와 협의를 하고 기저귀를 빼고 팬티를 입혀주어야 한답니다.

양육자만 준비가 되었다고 지금부터 배변훈련 시작!을 외치며 팬티를 입히고 아이가 실수하는 내내 "이거 아니야~ 변기에 하는 거야, 실수할 수도 있지만, 변기에 하는 거야, 엄마가 쉬하고 싶으면 미리 얘기하라고 했지."라고 하는 것은 무의미한 과정입니다. 아이가 태어나 처음 도전하는 과제에서 두려움이 생기거나 좌절감을 느끼게 하지 않도록 해야 합니다. 명심하세요. 기저귀를 빼고 팬티를 입히는 건 배변훈련의 마지막 단계입니다.

Q3. 소변은 성공했는데 대변은 언제 가릴 수 있나요?

대변을 가리는 것은 아이의 기질이 많이 반영됩니다. 사실 신체적으로는 소변 조절보다 대변 조절이 먼저 됩니다. 그러므로 대변 훈련까지도 수월하게 마치는 아이들이 있는 반면, 심리적으로 변화하는 환경에 대해 훨씬 민감하게 반응하는 아이들은 소변보다 대변 가리는 과정이 더 오래 걸릴 수 있어요. 특히 대변을 볼 때 커튼 뒤나 혼자 있는 공간, 또는 특정 공간에서 하기를 원하는 아이라면 시간이 좀 걸릴 수 있습니다.

배변훈련 과정에서 자연스럽게 대변도 변기에 시도할 수 있도록 유도하지만, 아이가 거부하는데도 불구하고 억지로 시도하도록 하거나 기저귀에 했다고 부정적인 반응을 보인다면, 오히려 변기에 대한 거부감이 생길 수 있고 부담감으로 인해 대변을 참다 보면 변비가 생길 수도 있습니다. 그러면 대변보는 과정이 더 힘들어지고 악순환이 반복될 수 있답니다. 이러한 변기에 대한 심리적 거부감이 생기면 처음 배변훈련을 시도할 때보다 훨씬 오랜 시간이 걸리게 됩니다. 아이 개인차를 존중해 주며 자연스럽게 변기로 유도할 수 있도록 하고, 평소 일상에서 밀가루 반죽, 클레이, 유아 변기, 그림책, 노래, 양육자의 모델링 등을 통해 변기와 대변에 친숙해질 수 있도록 하는 과정을 지속해야합니다.

Q4. 밤 기저귀는 언제 뗄 수 있나요?

밤 기저귀는 훈련을 따로 하기보다 자고 일어났을 때 기저귀가 젖지 않는 것이 일주일 이상 지속한다면, 아이가 신체적인 조절이 완전하게 가능해졌다는 것이기 때문에 이때 아이와 이야기 나눈 후 팬티를 입혀 주고, 그 대신 방수요를 활용해서 부담감을 줄여줄 수 있어요. 잠자기 전에는 꼭 화장실에 다녀올 수 있도록 지도하고, 되도록 물이나 우유 등의 수분 섭취는 하지 않도록 해 주면 적응하기에 훨씬 도움이 됩니다.

Q5. 변기를 거부하는데 어떻게 해야 하나요?

배변훈련 과정 중 양육자의 실수로 변기에 대한 거부감이 생길 수도 있고, 아이 스스로 심리적인 부담으로 거부감이 생길 수도 있어요. 또한 어른의 입장에서는 이해가 되지 않겠지만, 아이들은 자기 몸에서 나온 시커먼 무언가를 발견하고 굉장히 두려움을 느끼기도 해요.

변기에 대한 거부감이 있을 때는 유아변기에 기저귀를 깔아주고, 그 위에 대소변을 할 수 있도록 시도해 보세요. 그것도 거부한다면 기저귀를 차고 변기에 앉아보도록 하고, 익숙해지면 기저귀를 다시 변기에 깔아준 후 시도해 보도록 합니다. 이것도 익숙해지면 기저귀를 빼고 변기에 시도할 수 있도록 하여 거부감이 점차 사라지도록 합니다. 이렇게 점진적인 접근이 도움이 될 수 있어요.

Q6. 배변훈련은 얼마나 걸리는 것이 정상인가요?

아이마다 개인차가 매우 큽니다. 3일 만에 완료하는 아이가 있는가 하면 6개월 이상 걸리는 친구들도 있어요. 배변훈련 중에 아이를 혼내거나 좌절시키는 행동을 하지 말아야 한다는 것은 다 알고 있을 거예요.

아이 개인차를 존중해 주고 충분한 준비과정을 거치는 것, 관심을 가질 수 있도록 자극을 주는 것, 자신감을 가질 수 있도록 해 주는 것이 중요해요. 이러한 사항들을 잘 지키면서 내 아이의 개인차와 속도를 존중하며 기다려주세요.

Q7. 배변훈련에 대한 흥미와 자극을 주는 방법과 놀이는 어떤 것이 있나요?

흥미와 자극은 변기에 대한 거부감이 있는 아이나 배변훈련을 시도하는 아이 모두에게 필요한 과정입니다. 아이에게 쉬, 응가가 더럽다는 이미지를 주는 것은 금물이에요. 아이들은 본능적으로 더러운 것에 대해서는 거부감이 생길 수 있어요. 특히 내 몸속에서 더러운 무언가가 나온다는 생각을 하면 불쾌감이나 거부감을 느낄 수 있고, 심지어 배변을 참으려는 아이도 있어요. 대소변이 나오는 것은 우리가 골고루 먹은 것들이 우리 몸을 건강하게 해 주고 다시 몸 밖으로 나오는 것이라는 점을 알 수 있도록 아이의 발달 정도를 고려해서 전달하도록 합니다. 그림책이나 노래(응가송 등), 유아 변기, 클레이나 밀가루 반죽으로 응가 만들기, 아기 인형이나 동물 인형을 활용한 배변 활동 놀이 등을 재미있게 하면서 관심을 보이도록 하고, 더불어 양육자가 직접 변기를 사용하는 모습들을 모델링해 주는 것도 좋은 자극법이 될 수 있습니다.

· 씻는 것을 싫어하는 아이

고민내용

자고 일어나서 씻을 때나 자기 전에 씻을 때나 늘 씻는 것을 싫어해서 결국 억지로 씻기게 됩니다. 억지로 씻기다 보니 씻는 것에 더 거부감이 생기는 것 같고 악순환의 반복이에요. 물을 싫어해서 그런 것 같기도 하고, 어떨 땐 계속 놀고 싶어서 그런 것 같기도 해요.
놀이 시간을 준 후에도 씻기로 약속한 시간이 되면 또 씻는 것을 거부해서 약속을 정하는 것도 의미가 없어요. 어떻게 하면 즐거운 마음으로 스스로 씻을 수 있을까요?

민주 선생님's ✓Check point

☑ 어릴 때부터 스스로 씻는 경험을 제공하고 있나요?
☑ 아이가 씻어야 하는 이유에 대해 제대로 알고 있나요?
☑ 강압적으로 씻기는 과정에서 아팠던 기억을 준 것은 아닌가요?
☑ 씻는 것으로 협상을 시도한 것은 아닌가요?

해석

육아를 하면서 이렇게 해야 하는지, 저렇게 해야 하는지 선택해야 하는 순간들이 있어요. 육아에서 우선시되어야 하는 것은 안전과 건강입니다.
아이의 마음에 어디까지 공감해 주며 물러서고 수용해줘야 하는지 또는 끝까지 하도록 훈육해야 하는지 고민이 된다면, 이것이 아이의 안전과 건강에 어느 정도 관련 있는 것인지 생각해 보면 좀 더 쉽게 정답을 찾을 수 있어요.

양치질하는 것은 건강과 직접 관련된 것이기 때문에 어떤 날은 수용하고 어떤 날은 물러서지 않는 일관성 없는 태도를 보인다면, 아마 씻는 것에 대한 실랑이는 사라지지 않을 거예요.

단, 씻기 전에 아이가 잠이 들었다면 둘 다 건강에 속하지만, 씻는 것보다 아이가 깊이 숙면하는 것이 더 중요하므로 깨워서 씻긴 후 다시 재울 필요는 없습니다.

매번 그런 상황이 반복된다면 되도록 자기 전에 씻는 것보다 식사 직후에 바로 씻을 수 있도록 환경을 조절해 주세요.

씨앗 단계 Solution

목욕하는 것을 거부하는 경우는 잘 없지만, 이 닦는 과정을 싫어하는 아이들이 많아요. 아마 치아를 깨끗하게 관리하기 위해 양육자가 힘으로 아이를 잡고 닦았다거나 칫솔질을 세게 하여 잇몸이 불편했던 경험이 있었다면, 이 닦는 과정을 부정적으로 인식할 수 있답니다.

이 시기 아이들은 발달에 따라 모방 행동을 많이 하는 시기이기 때문에 양육자가 즐겁게 이 닦는 모습을 자주 보여 주세요. 또한 스스로 칫솔을 쥐고 칫솔질을 할 수 있도록 기회를 주고 마무리는 양육자가 도와주는 것으로 청결을 유지해 주세요.

실제 칫솔이나 칫솔 모형 또는 그 외 목욕의자, 샴푸통, 수건 등 세면도구들을 활용해 극놀이를 즐기면 훨씬 도움이 될 수 있어요. 이것도 아이가 자연스럽게 씻어야 하는 이유에 대해 알아가는 건강 교육 과정입니다.

새싹 단계 Solution

새싹 단계 아이들은 자기 몸을 씻는 것에 어느 정도 익숙해져 있을 거예요. 매일 규칙적으로 씻는 과정을 반복해 주면서 긍정적인 피드백(칭찬, 거울보며 깨끗해진 이 관찰 등)을 해 주세요. 또한 그림책이나 놀이를 통해 몸을 깨끗하게 씻고 이를 닦아야 하는 이유에 대해 알려 주고, 즐겁게 놀이 과정에 참여하며 간접 경험을 시켜 주는 것도 도움이 될 수 있어요.

양육자가 강압적으로 아이의 얼굴이나 몸을 씻기고 칫솔질을 해 주는 것보다는 양육자와 함께 거울을 보며 얼굴을 씻고 양치질에 관련된 노래를 하거나 '날 따라 해봐라 이렇게 ~' 등의 노래를 부르며 즐겁게 모델링을 해 주면서 올바른 양치법을 알려 주는 것도 추천합니다. 마찬가지로 아직은 미숙하므로 마무리는 양육자가 청결하게 해 줄 수 있도록 합니다.

 ## 열매 단계 Solution

이 시기는 의사소통이 충분히 가능하고 인지발달도 이뤄졌기 때문에 다양한 방법의 건강교육을 통해 청결과 치아 건강을 유지하는 과정을 알려 주어야 합니다. 이 과정을 통해 자신의 몸과 치아 건강에 스스로 관심을 가질 수 있도록 유도해 주세요.

또 칫솔과 양치컵을 청결하게 보관할 수 있도록 훈련하고, 칫솔이나 양치컵의 디자인을 스스로 고를 수 있게 기회를 줌으로써, 자신의 세면도구에 애착을 가질 수 있도록 하는 것도 씻는 과정에 즐겁게 참여할 수 있는 좋은 방법입니다.

목욕을 거부하는 아이라면 평소 물감 놀이, 거품 놀이 등을 준비해서 욕조에서 물을 사용해 자유롭게 놀이할 수 있는 시간을 통해 목욕 시간에 대한 친밀감을 높여 줍니다.

아이들의 미소와 웃음을 즐겨라,
세상에 이보다 더 귀한 것은 없다,

- 사무엘 존슨 -

• 약속, 규칙을 지키지 못하는 아이

고민내용

아이가 어린이집에 다니는데 어린이집에서도 규칙을 잘 지키지 않아 선생님과 이야기를 나누었다는 내용으로 몇 번 상담을 받은 적이 있어요. 그런데 집에서도 규칙은 아니더라도 몇 번 하고 정리하기로 하거나 놀이터에서 몇 분 더 놀고 집에 가기로 하는 것, 밥 먹은 후에 간식을 먹기로 하는 것 등 사소한 약속들을 지키지 않아요.

약속 시간이 되면 결국 떼를 쓰거나 우는 모습을 보이는데, 상황에 따라 어쩔 수 없이 허용해 주기도 합니다. 아직 어린 시기라 어디까지 허용하고, 어디까지 규칙을 지키도록 가르쳐야 하는지 모르겠어요.

민주 선생님's ✓Check point

- ☑ 평소 아이의 욕구를 과하게 충족시켜 준 것은 아닌가요?
- ☑ 아이와 했던 사소한 약속이나 규칙을 양육자가 지키지 않았던 적이 있나요?

해석

타인과의 약속이나 규칙을 지키는 것은 생활습관 및 사회성발달에만 관련된 것이 아니라 자기 조절력과도 연관이 있으므로 어린 시기부터 적절한 훈육이 필요합니다.

자기 조절력이 부족한 아이는 연령이 높아진다고 하더라도 쉽게 행동수정이 되지 않고 집단생활을 할 때도 문제가 될 수 있으므로, 양육자는 일상에서 사소한 것부터 아이의 자기 조절력을 키워 줄 수 있도록 해야 합니다.

약속이나 규칙을 정할 때는 반드시 아이가 어렵지 않게 지킬 수 있는 범위 내에서 정할 수 있도록 해야 합니다.

민주 선생님 Tips

씨앗 단계 Solution

약속과 규칙을 지키는 것은 중요하지만 그 전에 아이의 발달을 고려해야 합니다. 씨앗 단계의 아이들은 아직 약속이나 규칙에 대한 개념이 없고 인지 발달이 미숙하므로, 양육자가 몇 번 반복하여 훈육을 했다고 하더라도 실천하기는 어렵습니다. 아직 '어려운 것'이지 '지키지 않는 것'이 아니므로 아이 수준에 맞게, 간결하고 쉽게 반복 또 반복해서 알려 주세요.

대신 양육자가 이야기한 사소한 약속과 규칙은 아이 스스로 조절하기는 어려우므로 양육자가 지킬 수 있도록 조절해야 합니다. 젤리를 하루 한 개만 먹기로 약속했다면 아이가 아무리 떼를 쓰고 울더라도 "한 개만 먹기로 했으니 내일 또 맛있게 먹자."라고 알려 주고 지켜줘야 합니다.

새싹 단계 Solution

새싹 단계의 아이들도 아직은 스스로 조절하기는 어렵기 때문에 양육자가 일관된 모습으로 조절하는 법을 가르쳐 줄 수 있도록 해야 합니다. 또한 "다음에 또 해 보자, 내일 또 사러 가자."와 같이 아이와 한 사소한 약속은 반드시 지켜야 하고, 만약 지키지 못했다면 충분히 이유를 설명해 주어야 합니다. 아이가 기억하지 못할 것이라고 생각하여 지키지 않는 모습을 종종 보인다면 약속과 규칙에 대한 개념 자체를 잘못 인식할 수 있으므로 주의해야 합니다.

이 시기 아이들은 점차 타인에게 관심을 갖고 관계를 맺기 시작하는 단계로 약속, 규칙을 잘 지키는 것, 자기조절을 잘 할 수 있는 능력이야말로 무엇보다 유능한 아이로 성장하는 밑거름이 될 수 있으므로 적절한 교육이 필요합니다.

열매 단계 Solution

이 단계에서는 약속이나 규칙을 일방적으로 통보한 후 지키도록 지시하기보다는 가족 구성원이 함께 서로에게 원하는 약속과 규칙에 관해 이야기 나누고 지킬 수 있는 것으로 정하는 것이 좋아요.

이 시기에 주 1회 가족회의를 할 수 있는 정도의 연령 및 인지발달이 되었기 때문에 가족회의를 통해 다른 사람의 이야기를 듣고 또 자기 생각을 표현하는 과정은 더없이 좋은 기회가 될 수 있습니다. 가족회의를 통해 아이 스스로 정한 약속이나 규칙은 아이가 지킬 수 있는 것으로 아이의 의견을 최대한 존중해 주세요.

그리고 다음 가족회의를 할 때는 지난번 정했던 약속, 규칙을 얼마나 지켰는지 평가해 보고 되도록 아이의 긍정적인 부분을 칭찬해 주어 행동강화를 시켜 주는 것으로 자기 조절력을 키울 수 있도록 해 주세요.

민주 선생님 Tips

가족회의를 통해 정해진 규칙은 아이가 글자를 알지 못하더라도 써서 붙여 주고, 아이 스스로 글자 대신 옆에 그림을 그려서 본인이 알기 쉽게 표시하도록 해 보세요.

가족회의록 (기록자: 김나은   )

날짜	2019 년 8 월 8 일 목 요일
참여자	아빠. 엄마. 김나은
주제	밥먹기. 잠자기
아빠 바라는 점	1 아홉시에 누워자기 2 스스로 양치하기 3. 책 3권 보고 잠들기
엄마 바라는 점	1. 밥, 반찬 같이 골고루 먹기 2. 남기지 않고 다 먹기 3. 밥 먹기 전에 간식 먹지 않기 (밥 다 먹고 먹기)
내가 바라는 점	1. 골고루 먹기. 2. 자기 전에 책 3권 읽어주세요. 3. 밥 다먹으면 간식 주세요.

〈가족회의록 예시〉

• 위험한 행동을 하는 아이

고민내용

남자아이라 그런지 갈수록 점점 더 위험한 행동을 즐기는 것 같아요. 높은 곳에 올라가는 것은 기본이고 상판이 있는 곳의 아래나 에어컨 뒤와 같은 공간이 보이는 곳은 어디든 들어가려 해서 통제가 어려울 때가 한두 번이 아니에요. 어떻게 하면 스스로 위험한 행동임을 알고 실천할 수 있을까요?

민주 선생님's ✓Check point

- ☑ 기질적으로 에너지가 많은 아이인가요?
- ☑ 양육자와 몸놀이 시 너무 과격한 놀이를 즐기는 것은 아닌가요?
- ☑ 과격한 장면이 나오는 미디어에 자주 노출시키는 것은 아닌가요?

해석

점차 자신의 신체가 발달하면서 걸을 수 있던 것이 뛰어다닐 수 있고 높은 곳에 오르고 구르는 등 과격한 신체 활동을 시도하며 위험한 행동이 될 수 있고 기질적으로 에너지가 넘치는 아이라면 더욱 그럴 수 있어요. 그러나 또래와 놀이할 때 아직 신체조절이 미숙하므로 누군가 과격한 행동을 하면 옆에 있던 아이나 함께 놀이하던 아이가 다치는 경우도 빈번합니다.

양육자는 아이가 과격한 놀이를 할 때 몸으로 수용하고 받아내거나 힘으로 안전하게 조절을 해 줄 수 있지만, 아이들끼리 세게 달려와 밀거나 부딪히기, 매달리기 같은 행동을 하게 된다면 그대로 사고로 이어질 수 있어 가정에서 몸놀이를 할 때도 아이의 과격한 행동은 제한해 주어야 해요.

씨앗 단계 Solution

걸음마기 또는 걸음마기를 막 지나 아직 자기 신체 조절이 미숙한 상태이거나 신체발달이 좀 빠른 아이들은 이제 막 높은 곳에 오르기 시작하는 단계일 거예요.

처음 보이는 행동들이므로 신기하고 놀라운 마음에 사진이나 영상을 찍으며 웃거나, 단호한 목소리가 아닌 리액션으로 관심을 보인다면, 아이에게 위험한 행동에 대해 즐거운 놀이라는 잘못된 개념이 생겨날 수 있어요.

즉, 해도 되는 행동이라고 인지하거나 대단한 발달을 했다고 오해하기도 하고, 심지어 관심을 받고 싶을 때의 수단으로 위험한 행동을 할 수도 있으므로 반드시 위험한 행동을 할 때는 "아니야. 위험해, 내려와."라고 단호하고 정확하게 훈육하는 것이 필요합니다.

민주 선생님 Tips

아이를 양육하는 모든 양육자가 일관된 기준이어야 하므로 허용범위는 모두 함께 설정하는 것이 필요합니다.

새싹 단계 Solution

씨앗 단계에서 대근육발달이 이뤄졌다면 새싹 단계에서는 점차 소근육 발달도 이뤄지는 단계로 몸으로 하는 위험한 행동보다 가위, 뾰족한 물건, 무거운 도구 등 어른들이 사용하는 물건들에 관심을 가지고 모방 행동을 하려고 할 거예요.

기본적으로 위험한 물건들은 노출하지 않는 것이 좋지만 혹시 아이가 사용하는 물건으로도 위험한 행동을 시도한다면 올바른 사용법을 정확하게 알려 주고 씨앗 단계와 마찬가지로 위험한 행동에 대해서는 단호하게 훈육해 주세요.

민주 선생님 Tips

육아에서 어떤 경우라도 안전과 건강이 최우선이 되어야 함을 알고 훈육할 때는 정확하고 단호하게 전달하세요. 훈육 시 긴 설명보다는 간결하게 설명해 아이가 이해하고 수용할 수 있어야 합니다.

열매 단계 Solution

놀이규칙, 안전규칙을 인지할 수 있는 단계이므로 위험한 행동과 놀이 및 장소, 물건, 안전한 행동과 놀이 및 장소, 물건에 대한 개념을 정립시켜 주고 아이와 함께 규칙을 정한 후 실천할 수 있도록 합니다.

혹시 아이가 모방할 수 있는 위험한 행동이나 놀이 장면이 나오는 미디어에 자주 노출되고 있다면 차단해 주세요. 또한 몸으로 하는 놀이 외에도 앉아서 즐길 수 있는 흥밋거리를 충분히 제공해 주어 에너지 발산과 동시에 위험한 놀이 말고도 재미있는 놀이가 많다는 것을 경험시켜 주세요.

 민주 선생님 Tips

에너지를 발산하고 욕구를 충족시킬 수 있는 놀이추천!
물·모래 놀이, 밀가루 반죽 놀이, 슬라임 등의 촉감 놀이, 타악기 연주, 보드게임, 요리 활동 등

**아이가 위험한 행동을 할 때
엄마, 아빠의 마음도 함께 전해 보세요.**

"ㅇㅇ야, 네가 위험한 행동을 하면
엄마, 아빠는 네가 다칠까봐 너무 걱정이 된단다."

"ㅇㅇ야, 위험한 행동을 해서 혹시 다치기라도 하면
엄마, 아빠는 정말 마음이 아프단다."

"ㅇㅇ야, 네가 위험한 행동을 해서
다른 사람에게 피해를 주면
엄마, 아빠는 다른 사람들이 너를 미워하게 될까봐
정말 속상하단다."

"ㅇㅇ야, 네가 안전에 대해 모르는 친구로 자랄까봐
엄마, 아빠는 항상 너를 위해 기도한단다."
혹시, 위험한 행동이 하고 싶을 때는
너를 많이 사랑하고 걱정하는 엄마, 아빠 얼굴을
떠올리며 참을 수 있겠니?

- 이민주 육아연구소 -

• 정리정돈이 힘든 아이

고민내용

정리정돈이 좀처럼 되지 않는 아이입니다. 놀기 전에 정리정돈하기로 약속을 하고 놀이를 시작해도 결국 정리정돈 시간이 되면 이런저런 핑계를 대며 정리를 하지 않아요.

지금은 정리정돈을 시키고 있지만, 이전에는 어리다는 이유로 정리정돈을 시키지 않아 그런 것 같기도 해요. 어린이집에서도 정리시간이 되면 책장 뒤에 숨거나 화장실을 간다고 하거나 목이 마르다며 물 마시러 가서 한참을 있다 돌아오고 정리를 하지 않는다고 합니다.

남동생이 있는데 정리시간에 형을 따라 돌아다니며 장난을 치고 정리에는 관심이 없어요. 동생도 똑같이 정리하는 시간을 장난치는 시간으로 인식할 것 같아 더 걱정이 되네요.

민주 선생님's ✔Check point

- ☑ 정리정돈의 훈련을 충분히 시켜 주었나요?
- ☑ 스스로 정리정돈할 수 있도록 장난감을 수납장에 각각 수납해 두었나요?
- ☑ 아이가 정리정돈하기에 너무 많은 양의 장난감이 어질러져 있는 것은 아닌가요?
- ☑ 정리하기 전에 정리시간에 대해 언급하여 놀이가 마무리 될 수 있도록 하였나요?

해석

정리정돈은 습관입니다. 아이가 어릴 때의 정리정돈은 모두 양육자의 몫이었다가 유아기가 되어 점차 스스로 정리하도록 하려면 양육자도 아이도 너무 힘든 과정이 될 수 있습니다.

즉, 정리하는 일은 자신이 해야 하는 것을 아예 모른다거나 누군가 치워주는 것이 당연한 것으로 여길 수 있으므로 아이의 발달 수준에 따라 정리정돈하는 양을 달리하면서 돌 무렵부터는 정리정돈에 대한 지도가 이뤄져 습관화할 수 있도록 해야 합니다.

또한 정리정돈을 하는 것까지가 놀이라고 생각하도록 즐겁게 접근하고 긍정적으로 인식할 수 있도록 해야 하며, 정리정돈할 수 있는 환경이 되도록 환경을 만들어 주는 것도 중요합니다.

장난감은 아이가 스스로 꺼내고 정리할 수 있는 위치에 두는 것이 좋고 되도록이면 종류를 분리하여 수납하는 것이 정리정돈을 지도하는데 적합한 환경이 됩니다.

민주 선생님 Tips

씨앗 단계 Solution

씨앗 단계 영아들은 아직은 스스로 정리정돈하기가 어려워요. 그렇다고 양육자가 모든 것을 다 정리정돈해 버리는 것은 습관형성을 하는데 바람직하지 않습니다.

정리정돈은 양육자가 한다고 생각하되, 아이가 가지고 놀았던 장난감 몇 개 정도는 제자리에 스스로 갖다 놓을 수 있도록 알려주고 장난감을 제자리에 넣었을 때 박수치며 칭찬해 주세요.

그리고 다른 사람의 정리정돈하는 모습을 보여 주는 것도 모방 행동을 즐기는 발달단계의 아이에게는 긍정적인 모델링이 될 수 있습니다.

새싹 단계 Solution

정리정돈에 대한 습관을 지도하기 딱 좋은 시기입니다. 놀이 후 정리정돈을 해야 함을 간결한 문장으로 알려 주고 정리정돈에 관련된 노래를 부르며 정리하거나 '즐겁게 정리하다가 그대로 멈춰라~'처럼 노래를 개사하여 부르며 정리하는 등 정리정돈을 놀이처럼, 놀이의 마지막 단계라 생각하도록 즐겁게 시도해 보세요. 단, 놀이했던 모든 장난감을 아이 혼자 정리정돈하도록 하면 양이 너무 많아 힘들 수 있어요.

아이가 힘들지 않을만큼의 노력으로 정리정돈이 가능하도록 양육자가 정리 시간 5~10분 전에 사용하고 있지 않은 장난감들을 반 정도는 미리 정리하고 아이가 놀이를 마무리하면서 정리할 수 있도록 조절이 필요합니다. 정리하기 3~5분 전에는 정리시간에 대해 안내해 주고 아이가 놀이를 마무리할 수 있도록 해 주세요.

열매 단계 Solution

열매 단계의 유아들은 이제 양육자의 도움 없이 가지고 놀았던 장난감은 스스로 정리정돈할 수 있도록 지도해야 합니다. 만약 놀이가 모두 끝난 후 한꺼번에 정리정돈하는 것을 힘들어한다면, 놀이 중간에 다른 놀이로 전이할 때 이제까지 갖고 놀았던 장난감은 1차 정리정돈이 이뤄질 수 있도록 지도하여 아이가 너무 힘들지 않게 정리정돈이 가능하도록 조절해 주세요. 또한 정리하기 약 10분 전부터는 5분 간격으로 미리 정리시간이 다 되어감을 알려 주어 아이가 마음의 준비를 하고 자기 놀이를 마무리할 수 있도록 안내하는 것도 도움이 될 수 있어요.

민주 선생님 Tips

각각 다른 장난감이라도 아이가 연계하여 놀이를 할 수 있으므로 정리를 지도하기 전에 아이의 놀이를 먼저 관찰해야 하고, 필요한 장난감인지에 대해 놀이하는 아이의 의견을 존중해 주세요.

더 많이 준다고
아이를 망치는 게 아니다.
충돌을 피하려고 더 많이 주면
아이를 망친다.

- 존 그레이 -

• 차례를 기다리지 못하는 아이

고민내용

아이가 평소 차례를 기다리지 못하는 모습들을 자주 보입니다. 물건을 사러 가서 계산하는데 줄을 서서 기다리는 시간을 너무 힘들어하며 계속해서 앞으로 가려고 하고, 친구들과 놀이하는 모습을 보더라도 자기들끼리 나름대로 규칙을 만들어 놀이할 때 자기 차례를 기다려야 하지만 친구가 하는 동안 또 먼저 하겠다고 우겨서 싸우기도 합니다. 이러다 친구들도 같이 놀지 않으려 할까 봐 걱정입니다. 어떻게 도와줘야 할까요?

민주 선생님's ✔Check point

- ☑ 먼저 하고 싶은 아이의 마음을 공감해 주었나요?
- ☑ 기다리는 연습에 대한 훈련이 얼마나 이뤄졌나요?
- ☑ 평소 아이의 욕구를 너무 과하게 충족시켜 준 것은 아닌가요?
- ☑ 차례를 지키지 않았을 때 불편함을 느낄 수 있는 타인의 감정에 대해 알려 주었나요?

해석

모든 훈육과정이 그렇지만 차례를 지키는 것도 사회적 경험을 통해 이뤄지는 것이 아니라 어렸을 때부터 가정에서의 경험으로 배울 수 있도록 해야 합니다.
줄을 서서 차례를 기다리는 것, 게임을 할 때 자기 차례를 기다리는 것은 보통 어린이집이나 유치원에 갔을 때 다른 친구들과의 관계에서 필요합니다.

그때 잘 기다리기 위해서는 먼저 자신의 욕구를 잘 조절하는 것부터가 시작이죠. 엄마, 아빠가 대화를 나눌 때 자기 이야기를 들어주지 않는다고 떼를 쓴다면 "엄마, 아빠 이야기 중이야. 금방 끝내고 네 이야기를 들어줄 테니 기다려."라고 할 수 있어야 하고, 간식을 제공할 때 또는 체험 활동을 할 때에도 지금 당장 하고 싶은 마음을 조절하며 기다리는 연습부터가 차례를 지키고 자기 욕구를 조절해 가는 훈련입니다.

그러므로 차례를 기다리며 힘들어하는 아이에게 양육자도 감정적으로 대하는 것은 금물이며, 아이의 마음을 충분히 인정해 주고 상황을 인식시켜 주는 것이 좋습니다. 아이가 잘 기다렸다면 적절한 보상도 도움이 됩니다.

씨앗 단계 Solution

씨앗 단계는 아직 자기중심적인 성향이 강하기 때문에 차례를 지키지 못하거나 다른 사람의 입장을 이해하지 못하는 것은 당연합니다. 그렇다고 무조건 아이의 욕구를 충족시켜 주기보다는 기다리는 연습을 서서히 시작하는 것이 좋아요.

예를 들어, 간식을 제공할 때 간식 봉지를 뜯거나 과일을 깎거나 세척하는 동안을 기다리지 못하고 울며 떼쓰는 경우가 있을 거예요. 그럴 때는 당황하지 말고 아이를 앉혀 간식을 준비하고 있음을 보여 주며 "기다려, 지금 준비 중이지? 금방 줄 거야."라고 차분하게 알려 줍니다.

아이가 떼쓰고 울며 고집부린다고 바로 간식을 입에 물려 주거나 손에 들려 주기보다는 울음을 멈췄을 때 준비된 간식을 스스로 들고 먹을 수 있도록 하는 것이 좋습니다. 이러한 훈육과정을 통해 기다리는 경험이 필요합니다.

민주 선생님 Tips

두 돌 이전의 아이들은 애착 형성의 시기로, 만약 주양육자가 눈에 보이지 않는 상황에서 "기다려."라는 지시를 하면 불안감을 줄 수 있으므로 아이를 보면서 하는 것이 좋습니다.

새싹 단계 Solution

새싹 단계에서도 평소 어떤 경험을 할 때 아이가 보이는 충동적인 행동에 당황하며 아이가 원하는 것을 최우선으로 들어 주어 상황을 마무리 짓기보다는 아이가 스스로 충동적인 욕구를 조절하며 기다릴 수 있는 경험을 제공해야 합니다.

일상에서 쉽고 사소한 것부터 순서를 정해 아이가 차례를 기다리는 것에 대한 경험을 시켜 주세요. 수용언어가 가능하므로 간결한 문장으로 기다려야 하는 이유를 설명해 주고, 아이가 잘 기다려 주었을 때는 잘 기다려 줘서 양육자의 마음, 기분이 어떠하다는 것을 전달하며 타인의 감정에 관심을 가질 수 있도록 해 주세요.

민주 선생님 Tips

기다리는 연습이 필요하지만, 시간을 끌며 너무 오래 기다리게 하면 '기다림은 힘들다'라는 부정적인 마음이 더 커질 수 있으므로 아이가 힘들지 않게 기다릴 수 있는 정도의 시간으로 조절해 주세요.

열매 단계 Solution

대부분 열매 단계의 아이들은 어린이집, 유치원에서부터 사회생활, 집단생활이 시작되었기 때문에 차례를 기다릴 수 있도록 하는 것은 반드시 필요한 부분입니다.

차례를 기다리지 못해 친구들과 갈등이 지속적으로 생긴다면 결국 또래 관계에도 부정적인 영향을 줄 수 있어요.

점차 타인의 감정에도 관심이 생기고 인지도 가능하므로 차례를 지켰을 때 다른 사람의 기분이 어떤지 알려 주고 또 차례를 잘 지켰을 때 함께 놀이하는 친구들의 마음이나 자기 자신도 기분 좋게 참여할 수 있다는 것을 반드시 언급하여 칭찬해 주세요.

민주 선생님 Tips

줄을 서서 기다리거나 준비되는 동안 기다려야 할 때 그 동안 아이가 할 수 있는 놀잇거리를 제공해 주거나 노래를 부르는 것도 좋아요. 스스로 할 거리를 찾을 수 있게 해 주거나 평소 가족들과 함께 놀이를 통해 자연스럽게 차례를 지킬 수 있는 보드게임을 즐기며 순서를 기다릴 수 있는 경험을 제공하는 것도 도움이 될 수 있어요.

어제보다 오늘,
아주 작은 변화에도 민감하게 반응해 주세요.
그러면 내일은 더 큰 변화를 관찰할 수 있을 거예요.
잘못된 행동이 더 많이 보이겠지만
잘한 행동에 칭찬해 주세요.
분명 칭찬받은 행동은 더 강화될 것입니다.

- 이민주 육아연구소 -

• 청결에 집착하는 아이

고민내용

놀이할 때 손이나 발, 옷과 신발에 모래가 묻는 것을 두려워하며 밖에서 구경만 하거나 손이나 몸으로 직접 탐색하는 과정은 아예 거부합니다.
밥을 먹거나 간식을 먹을 때도 입가에 묻는 것도, 손에 묻는 것도 아주 싫어하고 옷에 조금만 묻어도 옷을 갈아입겠다고 하면서 예민한 모습을 보여요.
다른 아이들처럼 손으로 다양한 것들을 탐색하고 모래놀이나 물놀이도 즐길 수 있도록 하려면 어떻게 해야 할까요?

민주 선생님's ✔Check point

☑ 청결에 집착하는 아이의 마음에 충분히 공감해 주고 있나요?

☑ 양육할 때 청결을 지나치게 강조하는 행동을 한 것은 아닌가요?

☑ 배변훈련 시 올바른 배변훈련법으로 훈련이 이뤄졌나요?

☑ 촉감 놀이의 경험이 부족한 것은 아닌가요?

해석

식사하거나 놀이를 하는 등 일상에서 어떤 경험을 하는 자체에 집중하지 못하고 음식물이 흘렀을 때 곧바로 옷을 갈아입으려고 한다거나, 물감이나 모래놀이에 대한 강한 거부감을 보이며 심지어 옷에 물이 조금만 튀어도 갈아입어야 하는 아이들이 있어요.
기질적으로 좀 더 민감한 아이일 수 있지만 대부분 환경적인 요인으로 양육자의 태도가 반영된 경우가 많아요.

아이가 어릴 때부터 이유식이나 식사를 할 때 양육자가 계속해서 흘린 음식물이나 입 주변을 닦아 주고 흘릴까 봐 먹여 주고, 신발에 묻은 흙이나 옷에 묻은 이물질에 신경쓰면서 자주 갈아 입히는 행동들을 보였다면 당연히 그럴 수 있어요.

반면, 이러한 양육 태도가 아니었음에도 이런 행동을 한다면, 이 아이의 배변훈련 시기에 강압적인 배변훈련으로 인해 청결에 집착하는 행동을 할 수 있습니다.

씨앗 단계 Solution

이유식을 하거나 촉감놀이를 할 때 아이가 먹는 것이나 놀이하는 것에 집중할 수 있도록 주변 정리를 하거나 아이의 신체에 묻은 것들을 계속해서 닦아 내는 행동은 하지 않도록 해 주세요.

식사나 놀이가 끝난 후에 정리정돈을 함께할 수 있도록 하여, 청결한 상태보다 그때그때 경험하는 것에 집중할 수 있도록 해야 합니다. 지나치게 청결이나 주변 정돈에 신경을 쓰다보면 결국 아이 자신의 주변 통제에 스트레스를 받아 강박이 생길 수 있으므로 주의해야 합니다.

새싹 단계 Solution

씨앗 단계의 솔루션과 같이 진행하면서 아이에게 "밥을 다 먹고 난 뒤에 깨끗하게 정리해 보자, 놀이가 다 끝난 후에 목욕시켜 줄게." 등의 상황을 알려 주고 안심시켜 주세요.

아직 언어로 모든 것을 수용하고 이해하기는 어려우므로, 이때 양육자가 먼저 시범을 보여 주는 것도 좋은 방법입니다. 아이가 호기심을 갖고 흥미를 느끼며 참여할 수 있는 놀이를 일상에서 자주 제공하고, 놀이에 함께 참여하면서 시범을 보여 준다면 훨씬 거부감을 덜 수 있어요.

배변훈련이 이뤄지는 시기라면 지나치게 강압적인 배변훈련은 하지 않도록 주의하세요!

민주 선생님 Tips

열매 단계 Solution

충분히 의사소통이 가능하다면 정리 시간을 정하도록 하고, 정리 시간 전까지는 식사나 놀이하는 것에 집중할 수 있게 도와주세요. 이미 청결에 집착하며 힘들어 하는 아이라면 한꺼번에 바꾸려고 하면 더욱 집착하게 되므로 점진적으로 변화를 주는 것이 좋아요.

예를 들어, 손을 사용하거나 몸을 사용하는 놀이보다는 손가락을 사용하는 놀이부터 점차 손바닥을 사용한 놀이, 양손을 사용하는 촉감놀이, 발을 사용하는 놀이 등으로 천천히 접근해 보세요.

만약 갑자기 이런 모습을 보였다면 최근 변화된 환경에 스트레스를 받고 있는 것은 아닌지 살피고, 편안한 마음을 갖도록 하면 훨씬 도움이 될수 있습니다.

우리가 우리 아이들에게 줄 수 있는 가장 큰 선물을
우리가 가진 소중한 것을 아이들과
함께 나누는 것만이 아니라,
자신들이 얼마나 값진 것을 가지고 있는지
스스로 알게 해 주는 것이다.

- 아프리카 스와힐리 -

• 카시트를 거부하는 아이

고민내용

아이가 카시트를 심하게 거부합니다. 어린이집에 오고 갈 때 차를 타고 이동해서 하루도 빠짐없이 등하원 전에 실랑이가 벌어져요. 이전에는 하이체어에 앉아 벨트하는 것도 거부해서 결국 바닥에 앉아 밥을 먹고 있어요. 거기에다가 카시트까지 거부하니 도대체할 수 있는 것도 없고 어떻게 해야 할지 모르겠네요. 심하게 거부할 때는 결국 안고 안전띠를 하고 타기도 하지만, 이런 위험한 상황을 벗어나려면 어떻게 해야 할까요?

민주 선생님's ✔Check point

- ☑ 이전에 카시트를 하지 않는 것에 대해 허용한 적이 있지 않나요?
- ☑ 평소 안전에 대한 교육이 적절하게 이뤄지고 있나요?
- ☑ 안 되는 것, 제한되는 것이 너무 많지는 않나요?

민주 선생님 Tips

안전교육은 그림책 외에도 교통안전공단, 경찰청, 시청 등 지역별 안전체험장 또는 홈페이지 자료들을 활용할 수 있어요!

해석

안전과 관련해서는 언제 어디서든 일관된 태도를 보여야 합니다. 어떤 상황에서는 허용하거나 양육자의 기분에 따라 허용하지 않는 등 일관되지 않는 모습은 부정적인 행동을 더 강화할 수 있어요. 아이 입장에서는 더 강하게 거부하면 들어 주겠지? 포기하겠지? 라고 인식될 수 있습니다.

안전에 대해서는 일상에서 아이의 수준에 맞춰 놀이, 노래, 그림책 등 다양한 방법으로 알려 주고 함께 실천해 보세요. 또한 양육자가 안전띠를 착용하는 모습 등을 직접 몸으로 보여 주고 함께 실천하는 것도 필요합니다.

반면, 평소에 아이에게 안 된다고 하는 허락 또는 허용하는 범위가 너무 좁다면 결국 아이는 떼를 써야 경우가 훨씬 많아집니다. 이렇게 안전과 관련한 것이 아닌 다른 부분에 관련된 것이라면 좀 더 허용의 범위를 넓히고, 해도 되는 것은 힘겨루기 없이 할 수 있도록 허락해야 합니다. 그래야만 안 되는 것에 대해 제한했을 때 습관처럼 떼쓰는 상황이 벌어지지 않습니다.

씨앗 단계 Solution

카시트 착용은 선택이 아닌 필수입니다. 이는 아이의 안전을 위한 것이기 때문에 양육자가 정확하게 인식하고 있어야 하고, 아이를 안고 탈 수 있는 시기에도 카시트에 앉혀서 태워주는 것이 바람직해요. 아이가 많이 울거나 거부한다고 하더라도 잠깐 멈춰 쉬면서 진정시킨 후 다시 출발하세요.

아이가 늘 카시트를 거부하는 상황이라면 가까운 거리를 이동하며 연습할 수 있도록 해 주세요. 처음부터 장거리 이동으로 인해 아이에게 카시트는 '불편하다'라는 좋지 않은 기억으로 남아 카시트에 대해 더 심한 거부감이 생길 수 있으므로 주의해 주세요.

 카시트에 앉힐 때 아이가 평소 좋아하는 애착인형이나 위험하지 않은 장난감을 손에 들고 탈 수 있도록 해 보세요.

민주 선생님 Tips

새싹 단계 Solution

씨앗 단계와 같이 대처하면서 아이가 심하게 울거나 거부할 때는 잠시 멈추거나 쉬면서 "차를 타고 가는 동안은 안전하게 카시트를 해야 하는 거야."

라고 이야기해 주며 울음, 떼쓰기 등 어떤 행동으로도 수용되지 않음을 알려 주어야 합니다. 이때는 선택권을 주는 듯한 말투로 아이에게 혼란을 주어서도 안 되지만, 그렇다고 혼을 내는 말투로 강하게 이야기하지 않도록 합니다. 있는 그대로, 차분하게 설명해 주세요. 처음에 1시간 이상을 울 수도 있지만 1시간 이상을 울어도 소용이 없음을 알게 되면 그다음부터는 훨씬 수월하게 받아들입니다. '아이를 이렇게까지 울려서 적응시켜야 하나'라는 생각을 할 수 있겠지만, 카시트는 선택이 아니라 필수이므로 반드시 적응할 수 있도록 해야 합니다.

민주 선생님 Tips

카시트에 앉을 때 애착인형이나 애착물건을 지니도록 하여 아이의 마음이 좀 더 편할 수 있도록 도와주세요.

열매 단계 Solution

평소 그림책이나 놀이를 통해 교통안전에 대해 간접 경험할 수 있도록 하고 교통안전과 관련해 체험할 수 있는 활동들을 찾아서 체험 활동을 해 보세요. 교통안전규칙에 관해 설명하고 지켜나가는 것을 칭찬하면서 그중 하나로 카시트도 포함시켜 주세요. 또한 카시트에 앉힐 때 아이가 좋아하는 장난감이나 애착 물건을 꼭 챙겨서 그 시간이 최대한 힘들지 않도록 도와주고 잘 했을 때는 반드시 칭찬해 주어야 합니다. 연습을 하는 동안은 아이가 원하는 장소로 나들이를 가는 등 카시트를 하고 설레는 기분을 느끼도록 해 주세요.

민주 선생님 Tips

교통안전교육 놀이추천!
교통 관련 극놀이(교통경찰 역할 등), 교통안전 O, X 퀴즈, 교통안전 표지판 만들기 등

식습관

- 간식만 찾는 아이
- 돌아다니며 먹는 아이
- 손으로 먹는 아이
- 스스로 먹지 않는 아이
- 음식, 식기류를 던지는 아이
- 편식하는 아이
- 음식을 뱉거나 입에 물고 있는 아이

• 간식만 찾는 아이

고민내용

편식이 심해서 밥을 잘 먹지 않는데 그나마 우유나 과일, 치즈, 빵, 과자 같은 간식들은 잘 먹어요. 밥을 먹여보려고 했지만 거부해서 간식도 주지 않았는데도 밥을 먹지 않더라구요.

배가 고픈 상황이니 짜증을 많이 내기도 하고 우유를 계속 찾아요. 이런 상황에서 간식까지 주지 않으면 위를 너무 오래 비워 두는 것이 아닌가 걱정됩니다. 대부분 우유를 주식으로 먹고 있는데 어떻게 하면 간식이 아닌 밥을 먹을 수 있을까요?

민주 선생님's ✓Check point

- ☑ 불규칙한 식사 습관(시간, 장소 등)을 가지고 있는 것은 아닌가요?
- ☑ 울며 떼를 써서 간식을 얻었던 경험이 있는 것은 아닌가요?
- ☑ 평소 당분 섭취가 많은 것은 아닌가요?
- ☑ 양육자는 아이가 좋아하는 식재료, 식감, 맛에 대해 잘 파악하고 있나요?

해석

돌이 지나면서 밥이 아닌 다른 음식들을 다양하게 접하게 됩니다. 그러면 이유식 또는 유아식을 거부하는 순간이 오게 되는데, 이 상황이 지속되면 잘못된 식습관으로 고착될 수 있어요. 이때 아이가 좋아하는 음식들을 파악하는 단계로 잘 넘기면서 점차 식습관 지도가 이뤄질 수 있도록 한다면 문제가 되지 않겠지만, '의사소통이 어렵다, 배가 고플까 안쓰럽다' 등의 이유로 우유나 빵 같은 간식으로 배를 채우게 되면 자아가 강해지는 두 돌, 세 돌이 되었을 때는 식사 때마다 전쟁이 될 것이고 간식으로 늘 협상을 하게 될 거예요. 간식을 얻어내기 위해 떼를 쓰는 순간이 힘들어 중간에 훈육을 포기하고 간식을 제공하다 보면 다음 간식을 얻어내기 위해 더 강한 떼쓰기를 하고 원하는 간식이 나올 때까지 점점 강력한 떼쓰기를 무기삼아 밥을 거부하게 될거예요.

지금 당장 배가 고플까봐 우유를 제공하고 빵을 제공하는 것은 결국 아이의 신체적 성장을 저해하게 될 수 있으므로 아이의 건강을 위하는 올바른 해결책이 아님을 명심하고 솔루션을 참고해 보세요.

 ## 씨앗 단계 Solution

아이가 원하는 다양한 음식을 경험하게 하되, 밥과 간식의 구분은 분명하게 하며 양을 조절해 주세요. 늘 밥을 잘 먹을 수는 없지만, 식사를 거르고 간식으로 배를 채우는 경험을 하기 시작하면 결국 시간이 지나면서 더 또렷하게 거부감을 보일 거예요.

양육자도 이 시기는 아이가 선호하는 음식과 선호하지 않는 음식들을 알아가는 시기이기 때문에 좋아하는 간식도 충분히 관찰하고 좋아하는 음식의 공통적인 식감이나 맛, 형태를 비교하면서 식사 준비할 때 서로 접목해 주세요. 예를 들어, 간식으로 삶은 달걀을 좋아한다면 달걀(메추리 알) 장조림을 반찬으로 제공하거나, 치즈 간식을 좋아한다면 스크램블드에그에 치즈를 넣어 조리하는 등 형태를 달리하여 제공해 주세요.

 ## 새싹 단계 Solution

씨앗 단계에서 울며 떼쓰기로 간식을 얻었던 경험이 있다면 두 돌이 지나면서 점점 더 강도를 높여 떼를 쓰는 것으로 간식을 얻고 밥은 거부하게 될 거예요.

양육자는 목표를 딱 하나로 정하고 아이에게 간단하게 전달하세요. "밥을 먹은 후에 간식을 먹을 수 있는 거야."라고 말하고 그대로 실천해야 합니다. 다만, 밥을 먼저 먹은 후에 간식을 먹는 습관을 다시 형성하기가 쉽지 않기 때문에 아이가 그 과정이 '음? 별거 아니네! 밥을 먹는 것이 그렇게까지 힘든 건 아니구나'라고 느낄 수 있도록 해 주세요. 그러기 위해서는 식사의 양이 부담스럽지 않도록 1/3로 줄여 쉽게 성공을 경험시켜 주는 것이 중요해요.

처음에는 밥을 양육자가 원하는 만큼 먹이는 것은 목표가 아닙니다. 양육자의 목표는 밥을 먹은 후에 간식을 먹는 것이죠. 또한 1/3로 줄여 제공한 밥은 모두 먹을 수 있도록 양육자의 칭찬과 도움이 많이 필요해요.

밥을 다 먹은 후 "밥을 다 먹었기 때문에 간식도 먹을 수 있는 거야. 그래야 몸이 건강할 수 있어."라고 알려 줍니다. 그리고 아이가 성취감을 느낄 수 있도록 지속하고, 아이가 힘들어 하지 않고 밥을 먹을 때 밥 양을 서서히 늘려 주세요.

민주 선생님 Tips

간식으로 아이와 협상을 하거나 지나친 보상의 수단이 되지 않도록 주의해야 합니다.

열매 단계 Solution

씨앗 단계, 새싹 단계의 솔루션을 기본적으로 적용하되, 열매 단계의 아이들은 충분히 의사소통을 할 수 있으므로 아이와 함께 규칙을 만들어 밥을 먹은 후 간식을 먹도록 하고, 밥과 간식의 양도 함께 정해 보세요.

규칙은 일방적으로 강요하지 말고 함께 세워 나가면 훨씬 더 잘 지킬 수 있어요. 함께 정한 규칙은 글자로 쓰고, 그림으로 표시해 식사하는 장소에 붙여 두고 성공한 날에는 스티커를 붙이거나 동그라미 표시를 하는 등 성취감을 느낄 수 있도록 해 주세요.

자신의 성공과 성취를 한눈에 보이도록 하는 것은 그만큼 아이의 자발성을 키워나갈 수 있고 자신이 이뤄낸 결과에 자존감도 높아집니다. 만약 아이가 당이나 나트륨이 많이 함유된 음식을 자주 먹고 있거나 불규칙한 식습관을 가지고 있다면, 스스로 조절하기가 어려우므로 반드시 양육자가 조절해 주어야 합니다.

• 돌아다니며 먹는 아이 (하이체어를 거부하는 아이)

고민내용

- 입맛이 까다롭고 예민해서 편식이 심해요. 마음에 안 드는 음식은 뱉거나 음식을 입에 물고 다닙니다. 이렇게 안 먹다 보니 조금이라도 더 먹여 보려고 TV를 틀거나 노는 아이의 뒤를 졸졸 따라다니면서 먹이게 되었어요. 어디서부터 고쳐 나가야 할지 막막합니다.
- 식사시간마다 의자에 앉히는 것부터가 너무 힘들어요. 아이는 벨트하는 것을 싫어해서 카시트, 유모차, 하이체어까지 모두 거부합니다. 어떻게 달래서 앉히고 먹기 시작해도 결국 5분도 앉아 있지 못하고 내려달라고 울기 시작해요. 이러면 식사를 중단해야 하는 걸까요?

민주 선생님's ✓Check point

- ☑ 식사 장소는 정해져 있나요?
- ☑ 식사할 때 따라다니며 먹여 준 것은 아닌가요?
- ☑ 식사의 끝을 명확하게 하였나요?

해석

아이가 돌아다니며 먹는다는 것은 결국 식사하는 장소가 정해져 있지 않거나, 장소는 정해져 있지만 잘 먹지 않는 아이를 따라다니며 먹이는 양육자의 행동에서 나온 결과라고 보아야 합니다. 결론적으로 양육자가 먼저 태도를 바꾸어야 아이의 식습관도 바뀔 수 있어요.

아이에게 한 숟가락이라도 더 먹이고 싶다면 절대 따라다니면서 '한 숟가락만 더'를 애원하지 마세요. 조금이라도 더 먹이고 싶은 마음에 한번, 두번

이러한 경험이 쌓이면 결국 밥 주인이 바뀌어 버릴 수 있어요. 먹지 않으면 과감하게 치워버리는 것이 필요합니다.

아이 입장에서는 텔레비전을 보든, 휴대폰 게임을 하든, 장난감을 가지고 놀면서 하고 싶은 것을 하는 동안 누군가 배가 부를 때까지 먹을 것을 입에 넣어주는데 스스로 먹어야 할 필요성을 느낄 수가 있을까요?

이런 친구들은 보육기관에서도 식사시간이 되면 스스로 먹을 생각을 하지 않고 수저를 들고 앉아 있거나 돌아다녀요. 과연 교사가 많은 아이를 챙겨야 하는 상황에서 이 아이가 먹는 양만큼 떠먹여 주면서 따라다니고 배가 부를 때까지 먹여 줄 수 있을까요?

그러므로 양육자는 당장 한 끼 식사만 생각할 것이 아니라, 진짜 아이를 위해 식사시간에는 스스로 식사를 하며 배부름을 느낄 수 있도록 가르치는 것이며, 양육자가 해야 하는 식습관 교육이라는 것을 알아야 합니다.

씨앗 단계 Solution

스스로 걸어다니지 못하는 이유식 단계의 아이는 앉아서 이유식을 먹습니다. 그러나 걷기 시작하면서부터 앉아 있으려 하지 않기 때문에 결국 밥을 먹이려면 밥그릇과 숟가락을 들고 아이를 따라다니기 시작합니다. 이 시기 아이의 집중시간은 아주 짧아서 앉자마자 식사를 보고 흥미를 느낄 수 있도록 식사 준비가 완료된 후 식판이나 밥그릇 앞에 아이를 앉혀주세요.

손을 사용해 음식을 먹더라도 먹여 주기보다는 아이 스스로 음식에 관심을 갖고 먹도록 해 주어야 합니다. 그래야 식사에 집중할 수 있는 시간이 지속되고 먹는 것에 흥미를 느낄 수 있답니다. 영상을 보여주며 떠먹이거나, 다른 것에 흥미를 갖는 동안 먹여 주는 행동들은 모두 돌아다니는 것처럼 식사에 대한 흥미를 떨어뜨릴 수 있으니 주의해야 합니다.

아이가 식사할 땐 식사에 집중하고 교감하는 것이 굉장히 중요합니다. 만약 아이가 자리를 떠나려 한다면 식사를 마쳤다는 의미를 알 수 있도록 "빠빠 안녕~, 맘마 안녕~" 인사를 한 후, 그 자리를 벗어나도록 해야 하고 인사하고 자리를 떴다면 식사는 치워야 합니다.

식사 시 이루어지는 대화는 언어자극에도 큰 도움을 줍니다. 아이는 양육자가 사용하는 단어를 집중해서 들을 수 있습니다.

새싹 단계 Solution

이 단계에서는 식사를 마친 후에 자리를 뜬다는 의미를 알 수 있도록 훈련이 되어야 합니다. 아직 인지발달이 미숙하므로 무작정 앉혀서 "다 먹고 일어나는 거야."라고 한다면 결국 아이는 떼를 쓰며 울기 시작하겠죠.

시작 단계에서는 아이가 봐도 아주 적은 양(원래 먹는 양의 1/3)을 제공한 후 다 먹을 수 있도록 최대한 도와주세요. 그리고 어느 정도 식사를 했거나 다 먹었다면 식사 자리를 떠날 수 있도록 허락하며 "이렇게 다 먹은 후에 일어서는 거야."라고 알려 주며 꼭 칭찬도 해 주세요. 그리고 적응이 되어감에 따라 식사량을 늘려 주세요.

많이 움직일 때는 되도록 식탁을 사용하여 움직이지 않는 환경을 조성해 주세요. 만약 아이가 하이체어를 거부한다면 꼭 식탁이 아니더라도 같은 장소에서 식사할 수 있도록 하고, 통제가 되지 않을 때는 씨앗 단계와 마찬가지로 "빠빠 또는 맘마 안녕~" 등의 인사를 하는 것으로 식사를 끝마쳤다는 표현을 스스로 할 수 있도록 한 후 밥그릇을 정리해 주세요. 그리고 다음 식사 때에도 같은 환경으로 제공하고 식전·간식으로 배가 차지 않도록 양을 제한해 주세요.

열매 단계 Solution

이 시기에 의사소통이 충분히 가능하고 규칙을 이해하고 행동할 수 있을 정도로 인지발달이 이뤄졌을 것이므로, 돌아다니면 안 되는 것에 대해 양육자는 단호하게 "아니야. 밥은 밥 먹는 자리에서만 먹고, 다 먹은 후에 일어서는 거야. 그다음에 다른 것을 할 수 있는 거야."라고 이야기해 주세요. 이때 양육자가 감정 섞인 한숨을 쉬거나 소리를 지르는 등 혼내는 상황을 만들면 이런 상황에서는 결국 감정싸움으로 이어지고 식습관 교육이 어려워질 수 있습니다. 또한 식사 후에는 "잘 먹었습니다." 등의 인사를 하는 것으로 스스로 식사를 끝마쳤다는 표현을 할 수 있도록 규칙을 정하고, 아이가 인사할 때 어느 정도 식사가 이뤄진 상태라면, 억지로 더 먹도록 하기보다 아이의 의사를 수용하여 정리할 수 있도록 허용해 주세요.

식사시간에 돌아다니는 것으로 애를 먹고 있다면 간식도 식사를 하는 같은 자리에 앉아 먹을 수 있도록 훈련하는 것이 좋아요(식사시간에 잘 앉아서 먹는다면 간식의 장소는 자유롭게 해도 무방합니다).

민주 선생님 Tips

식사할 때 휴대폰이나 장난감, TV 시청은 하지 않도록 하여 자기 식사에 집중력을 높여 주어야 합니다. 집중하지 못해 식사시간이 길어지면 결국 앉아 있는 것 자체가 힘든 일로 인식할 수 있고, 영상을 보여 주지 않으면 식사가 어려운 상황이 될 수 있으므로 주의해야 합니다.

● 손으로 먹는 아이

고민내용

아이가 밥을 먹을 때 손으로만 먹으려고 합니다. 손으로 먹다 보니 잘 먹을 때도 있지만 음식을 손으로 만지고 장난치는 시간이 더 많고 결국 반은 먹고 반은 버리게 됩니다. 손으로 탐색하려는 아이, 하지 못하도록 해야 할까요, 허용해 줘야 할까요?

민주 선생님's ✔Check point

- ☑ 아이가 도구를 사용해 음식을 먹을 수 있을 정도의 크기로 제공하였나요?
- ☑ 양육자와 함께 식사하며 모델링이 되어 주고 있나요?
- ☑ 평소 일상에서 소근육을 돕는 경험을 충분히 하고 있나요?
- ☑ 급하게 먹는 버릇이 있는 것은 아닌가요?

해석

손으로 먹는 것은 두 가지로 나눌 수 있어요. 소근육 발달이 미숙하여 도구 사용이 어렵거나, 습관적으로 또는 급하게 먹기 위해 손으로 먹는 경우가 있습니다.

소근육 발달이 미숙할 때에는 식사시간에 도구 사용을 통해 소근육 발달을 돕는 것보다는(도구 사용이 어려운데 도구 사용을 강요하면 식사 자체에 부정적인 인상을 줄 수 있음) 일상에서 놀이시간을 통해 소근육 발달을 촉진해 준 후 어느 정도 소도구 사용이 가능할 때 사용할 수 있도록 해 주세요. 그래야 식사에 대한 흥미가 떨어지지 않는답니다.

또한 이제 막 유아식을 접한 아이라면 충분히 손으로 탐색하면서 자기 주도식을 할 수 있도록 격려하되, 4세 이상의 아이라면 손으로 음식을 탐색하는 과정을 제한하여 식사시간과 놀이시간을 구분해 주는 것이 필요해요.

아이가 탐색을 원한다면 놀이시간에 여러 가지 재료들을 손으로 충분히 탐색할 수 있도록 해 주세요. 탐색할 수 있는 놀이시간에 식재료, 반죽 등 촉감 놀이를 할 수 있도록 하면 훨씬 도움이 될 수 있어요.

탐색놀이에 활용할 수 있는 식재료 추천!
민주 선생님 Tips
미역, 두부류, 쌀국수, 소면, 밀가루 반죽, 당면, 파스타면류(푸질리 등), 바나나, 수박, 포도, 튀밥, 콩류 등

씨앗 단계 Solution

이 시기에는 아직 대·소근육 발달이 미숙한 단계이기 때문에 도구를 사용하기보다는 손으로 충분히 먹을 수 있도록 허용해 주세요. 식사시간 도구를 사용하도록 강조하다 보면 결국 식사에 대한 흥미가 떨어질 수 있으므로, 도구 사용은 일상에서 놀이를 통해 소근육을 먼저 발달시켜 준 후 사용하도록 해야 합니다.

소근육이 충분히 발달한 후에는 도구를 사용하더라도 어렵지 않게 식사를 할 수 있으므로 아이의 발달 정도를 고려해 주는 것이 필요해요. 그 대신 비교적 밥보다 도구 사용이 수월한 간식시간을 이용하여 포크나 숟가락을 사용하도록 하고, 이때 간식은 아이가 도구를 사용하기에 어렵지 않은 형태로 제공하여 조금만 노력하면 성공할 수 있도록 해 주세요.

손으로 먹더라도 항상 숟가락, 포크는 제공하고 식사는 아이가 주도하되 양육자의 도움을 받아 음식도 충분히 섭취할 수 있도록 해 주세요.
민주 선생님 Tips

새싹 단계 Solution

아직은 소근육 발달이 완전하지 못하기 때문에 아이의 발달 정도에 따라 양육자의 도움이 필요합니다. 양육자가 숟가락으로 밥을 떠놓고 아이가 스스로 입에 넣도록 하거나, 숟가락보다는 좀 더 쉬운 포크 사용을 먼저 격려하여 반찬을 스스로 집어 볼 수 있도록 해 주세요.

또한 간식은 되도록 숟가락이나 포크를 사용하여도 쉽게 먹을 수 있는 메뉴나 형태로 제공하여 도구 사용 방법을 쉽게 터득할 수 있어 성취감을 느낄 수 있도록 해 주세요.

아이가 급하게 먹는 습관이 있다면 지속적으로 양육자가 속도를 조절해 주고 대화를 하면서 천천히 먹을 수 있도록 해 주어야 합니다.

민주 선생님 Tips

소근육을 발달시키는 놀이 방법은 안전가위 사용이나, 숟가락, 국자를 사용하여 물건을 떠거나 옮기는 등의 다양한 놀이하기, 퍼즐 맞추기, 블록 끼우기, 구멍에 끈끼우기 등

열매 단계 Solution

양육자는 아이가 밥을 먹을 때 함께 식사하면서 도구를 적절하게 사용하는 모습을 자연스럽게 노출시켜 모델링이 되어 주어야 합니다. 그리고 같은 열매 단계의 아이들이라고 하더라도 소근육의 발달 속도에는 차이가 있을 수 있으므로, 글씨를 쓰거나 끼적이는 것을 관찰하여 아이의 소근육 발달 정도를 먼저 판단해 보세요.

아이의 발달 정도에 맞춰 점차 정교한 작업이나 눈과 손을 협응하여 조작할 수 있도록 도와주어야 합니다. 새싹 단계에서 제시한 놀이를 경험해도 좋고 좀 더 수준을 높여 집게를 사용한 놀이나 테이프, 스티커 붙이기, 가위질 등 소근육을 활용한 놀이 경험을 시켜 주세요.

또한 빨리 먹기 위해 도구 사용을 거부하는 아이라면 양육자와 함께 식사하면서 속도조절 및 도구 사용에 대한 지도가 필요합니다.

민주 선생님 Tips

아이가 직접 마음에 드는 숟가락, 젓가락을 고르도록 하여 도구 사용을 촉진시켜 주세요.

오늘 당신 본인을 위해 쓴 시간은 얼마나 되나요?
오늘 당신 본인을 위해 몰입한 시간은 얼마나 되나요?
오늘 당신 본인을 위해 휴식한 시간은 얼마나 되나요?

하루 30분이라도 아이도, 집안일도, 휴대전화도 내려놓고
오로지 당신 본인을 위해 시간을 보내 보세요.
24시간 중 30분씩 매일이 반복되면
아이를 대하는 자세, 말투, 표정이 달라지는
나 자신을 발견할 수 있을 거예요.

좋은 부모가 되기 위해
오로지 나를 위한 시간 가지기

- 이민주 육아연구소 -

• 스스로 먹지 않는 아이

고민내용

스스로 먹도록 해도 도무지 식사에 집중하지 못하는 것 같아요. 먹여 주면 거부하지는 않아서 결국은 숟가락으로 떠서 입에 넣어 주게 돼요. 그 전에는 아이 둘을 먹여야 해서 대부분 볶음밥이나 주먹밥, 김에 싼 밥, 간단한 반찬 정도로 먹여 주었는데 그게 문제가 된 걸까요?
스스로 먹도록 하려면 어떻게 해야 할까요? 또래 친구들은 대부분 스스로 숟가락질을 하는데 우리 아이는 계속 먹여 줘도 될까요?

민주 선생님's ✔Check point

- ☑ 스스로 먹는 기회를 늦게 준 것은 아닌가요?
- ☑ 손으로 먹으려 할 때 제지한 것은 아닌가요?
- ☑ 식사 도구 사용을 강요한 것은 아닌가요?
- ☑ 아이와 어른의 식사시간이 분리되어 이루어지는 것은 아닌가요?
- ☑ 식전에 간식을 제공하여 배고픔을 느끼지 못하는 것은 아닌가요?
- ☑ 건강교육은 이루어지고 있나요?

해석

식습관 교육이라고 하는 것은 모든 음식을 잘 먹도록 하는 것이 아니라 배가 고프다고 느낄 때 혹은 식사시간이 되었을 때 자기 식사에 대한 애착과 책임감을 느끼고 스스로 식사할 수 있도록 하는 것입니다. 그러므로 충분히 식사한 후 포만감을 느끼고 기분 좋은 상태가 될 수 있음을 알도록 해 주어야 해요. 그래야만 아이가 식사를 해야 하는 이유를 알고, 먹는 것은 즐거운 행위라는 것을 인지할 수 있으므로 스스로 식사에 임할 수 있어요. 그러기 위해서는 아이가 숟가락이라는 식사 도구를 사용해 자기 식사를 하기 시작하는 시기인 이유식 단계에서부터 손으로 먹거나, 도구를 사용하는 것이 중요한 것이 아니라 음식을 먹여 주지 않고 자기 주도식을 통해 스스로 먹을 것을 선택하고 양을 조절하는 능력을 키울 수 있는 기회를 주는 것이 중요합니다.

이미 잘못된 식습관으로 먹여 주는 음식을 먹다가 '자, 이제 두 돌이 되었으니 스스로 먹어 보자', '어린이집에 가야 하니 이제 스스로 먹어야 해'라고 하는 것은 양육자의 기준일 뿐이며, 아이에게는 의미 없는 시기 설정입니다.

씨앗 단계 Solution

씨앗 단계는 아직 후기 이유식 단계이거나 유아식의 시작 단계에 해당할 거예요. 이때 양육자가 숟가락을 들고 먹여 주는 경우가 많죠. 두 돌까지를 기준으로 아이가 먹는 식사는 하루 세끼니씩 365일은 1,000끼니가 넘습니다. 이것은 자기 주도식을 해야 하는 아이에게 1,000번의 기회를 차단하는 것과 같아요.

그러므로 아이가 자유롭게 손으로, 입으로 충분히 탐색하도록 하고 음식물을 많이 흘리더라도 괜찮습니다. 양육자가 먹여 줄 것이 아니라 아이에게 기회를 제공한다면 초기 식습관 형성과 동시에 소근육 발달도 도울 수 있어요.

또한 아이가 어리다는 이유로 먼저 먹인 후에 양육자가 따로 식사하는 경우가 많은데 그보다 일찍부터 아이와 같은 시간에 동시에 식사하면서 모델링이 되어 주세요.

새싹 단계 Solution

두 돌이 지난 새싹 단계의 아이들에게도 아이에게 먼저 먹이고 양육자가 따로 식사하는 경우가 많아요. 그러나 씨앗 단계부터의 솔루션과 마찬가지로 식사시간에는 같은 공간에서 아이와 함께 식사하며 모델링이 되어 주세요. 모델링만큼 좋은 식습관 교육은 없다고 해도 과언이 아닐 만큼 중요한 과정입니다. 식사하면서 도구를 사용하는 법, 밥과 반찬을 골고루 먹는 법, 입안의 음식을 다 먹고 나면 다음 숟가락을 준비하는 것까지 충분한 상호작용이 이뤄질 수 있도록 해야 합니다.

식사와 식사 사이에 또는 식전에 간식 양도 체크해 보아야 합니다. 간식 자체가 나쁜 것은 아닙니다. 하지만 아이의 식사에 영향을 주지 않도록 간식을 제공하는 시간과 간식 양을 반드시 조절해 주어야 합니다.

민주 선생님 Tips

그래도 아이가 먹기 힘들어한다면 양육자가 한 번 먹여 주고 아이 스스로 한 번 먹고 또 양육자가 한 번 먹여 주고 아이가 스스로 두 번 먹는 등 즐거운 게임으로 도움을 주세요.

열매 단계 Solution

의사소통이 충분히 가능한 아이들의 경우에는 어느 정도의 자극이 필요합니다. 그리고 식사규칙을 함께 정해 보세요. 식사 전에 먹을 수 있는 양만큼 식판에 스스로 덜어 자기 식사를 준비하는 것부터 시작해서 아이가 식사하는 자리에서 시계가 보이도록 비치해 두고 식사시간은 40분으로 정해 주세요. 아직 시간을 볼 수 없더라도 식사를 끝내야 하는 숫자에 스티커를 붙여 긴 바늘을 확인하며 식사할 수 있도록 하고 약속한 식사 종료 시간이 되면 정리해 주세요. 아직 습관형성이 되지 않은 초반에는 양육자가 조금씩 도움을 주는 것으로 너무 힘든 도전이 되지 않도록 해 주세요.

또한 주변에 식습관 형성이 잘되어 스스로 잘 먹는 친구가 있다면 초대해서 함께 식사하는 자리를 만들어 친구가 모델링이 되어 주는 경험도 많은 도움이 될 수 있어요. 단, 친구와 비교하는 말은 하지 않도록 하며 긍정적인 말로 격려해 주세요. 그리고 열매 단계에서는 식사의 중요성에 대한 건강교육도 함께 이루어질 수 있도록 해 주세요.

건강교육은 놀이, 그림책, 교육자료 등 어떤 것이라도 좋으므로 주기적으로 이루어질 수 있도록 하여 스스로 먹어야 하는 이유를 알고 실천할 수 있도록 해 보세요.

"자식을 불행하게 하는 가장 확실한 방법은
언제나 무엇이든지 손에 넣을 수 있게 해 주는 일이다."

- 루소 -

• 음식, 식기류를 던지는 아이

고민내용

아직 숟가락질을 하려고 하지도 않고 쥐어 주면 던져버려서 대부분 먹여 주고 있어요. 먹여줄 때 초반 5분 정도는 잘 받아먹는데 시간이 지나면 결국 식판에 있는 음식을 바닥으로 떨어뜨리고 장난을 칩니다.

안 된다고 알려 주었지만 장난친다고 생각하는 것 같고 그렇다고 언제까지 포크, 숟가락을 안 줄 수도 없는 일이므로, 어떻게 바로잡아야 할지 너무 고민입니다.

민주 선생님's ✔Check point

☑ 아이의 발달 단계를 잘 이해하고 있나요?

☑ 아이가 물건을 던졌을 때 적절한 반응으로 대처하였나요?

☑ 평소 던질 수 있는 것과 없는 것을 구분하여 알려 주고 있나요?

☑ 식사를 마치고 싶을 때 표현법에 대해 알려 주고 있나요?

해석

식기류뿐 아니라 물건을 던지는 것은 먼저 아이의 발달을 이해해야 합니다. 이는 던지는 것에 대해 무조건 허용하라는 것이 아니라 발달 단계를 알면 아이의 행동을 이해할 수 있기 때문입니다.

아기들은 대·소근육이 발달하면서 자신이 힘을 가했을 때 물리적인 변화가 오는 것에 대해 흥미로워하고 재미있는 놀이라고 생각합니다. 그러므로 던지는 행위 자체를 부정적으로 볼 일은 아니므로 던질 수 있는 물건과 안 되는 물건을 스스로 구분할 수 있도록 알려 주어야 합니다.

식기류를 던질 때의 또 다른 이유로 양육자의 관심을 끌기 위한 것일 수가 있어요. 음식이나 식기류를 던졌더니 양육자가 긍정이든 부정이든 크게 반응한 것에 대한 경험이 있거나, 지금 식사를 중단하고 싶은 욕구를 다른 것으로 관심을 돌리려는 수단으로 여길 수 있습니다.

씨앗 단계 Solution

아직 의사소통이 미숙하므로 던지면 안 된다고 단호하고 간결하게 알려 주세요. 이 시기에는 반복, 또 반복해서 알려 주는 것이 중요합니다. 열 번, 스무 번 알려 줘도 똑같은 행동을 계속하여 힘들다는 이유로, 문제를 바로 잡아야 하는 양육자가 훈육을 회피하게 될 수 있어요.

그러나 아이는 같은 행동을 반복하지만, 사실은 하지 말아야 할 행동에 대해 서서히 인지해 나가고 있답니다. 그러므로 포기하지 말고 알려 주세요. 그리고 식사를 시작한 후 3번 이상 알려 주었는데도 던지거나 바닥에 떨어뜨리는 행동을 반복한다면 "던지면 밥 안녕할 거야. 치울 거야." 단호하게 알려 주신 후 정리해 주세요. 정리한 후에는 아이의 어떤 행동에도 흔들리거나 다시 밥을 제공하지 않아야 합니다.

 아이의 행동에 웃음을 보이거나 즐거워하거나 영상을 찍는 행동을 하면 아이는 허용되는 행동으로 받아들이므로 혼돈을 주지 않도록 주의하세요.

민주 선생님 Tips

새싹 단계 Solution

씨앗 단계의 솔루션까지 이뤄졌고, 아이의 수용언어가 가능한 정도라면 식기류를 던지는 행동에 대해서 안 된다고 알려 주고, 그 대신 그만 먹고 싶을 때 아이의 수준에서 할 수 있는 표현법을 함께 알려 주세요.

식사 중단의 의미가 아니라 관심을 끌기 위함이라면, 아마 식기류를 던지거나 음식물을 바닥에 떨어뜨린 후 양육자를 쳐다보는 행동(눈치를 보는 듯한 표정)을 할 거예요. 이럴 때는 오히려 반응하지 않고 무시하는 행동으로 대응하는 것이 도움이 될 수 있습니다.

이 시기부터는 던질 수 있는 물건과 던질 수 없는 물건을 구분해 주어야 합니다. "던지면 안 돼."에서 끝낼 것이 아니라 "대신 공은 던질 수 있어. 풍선은 던질 수 있어." 이렇게 알려 주고 던질 수 있는 놀잇감을 제공하여 욕구를 충족시켜 주세요.

민주 선생님 Tips

열매 단계 Solution

열매 단계의 아이들이라면 함께 규칙을 정해 보세요. 그리고 지키지 않았을 경우 안 되는 행동에 대해서는 단호하게 음식을 정리하는 것으로 양육자도 약속을 지킬 수 있도록 해야 합니다. 대부분 이 시기 보통 아이들에게 음식물이나 식기류를 던지는 행동은 나타나지 않지만, 자신의 부정적인 감정 표현이나 해소하기 위해 던지는 행동을 하는 경우가 있습니다.
아직은 자기감정을 이해하고 표현하는데 서툴 수 있으므로 이럴 때는 먼저 속상한 마음을 공감해 준 후에 식사 예절이나 물건을 던졌을 때의 위험성, 양육자의 기분을 전달하도록 하여 규범이나 타인의 감정을 이해할 기회를 제공해 주세요.

"선생님, 원래 화가 나면 코에서 콧바람이 나오고
슬플 땐 눈에서 눈물이 나는 건데
우리 엄만 내게 화를 냈는데 콧바람이
안 나오고 눈물이 났어요,
이상하죠?"

"엄마가 너를 정말 많이 사랑하는데
잘못된 행동을 알려 주기 위해서 혼냈더니
마음이 너무 아프고 속상해서 눈물이 났나봐,"

- 이민주 육아연구소 -

• 편식하는 아이

고민내용

저희 아이는 편식이 심해서 걱정입니다. 먹는 반찬이 고기, 계란, 김 정도인데 새로운 음식을 주면 맛도 안 보고 싫다고 해요. 게다가 스스로 잘 먹지도 않아 밥을 떠먹여 주어야 하고 식습관이 엉망인 것 같아요.
골고루 먹이려고 하면 할수록 먹던 음식도 더 거부하는 것 같아 어떻게 해 줘야 할지 고민입니다.

민주 선생님's ✔Check point

☑ 이유식기에 한정된 음식만 제공하여 여러 가지 음식이나 재료에 대한 경험이 부족한 것은 아닌가요?

☑ 간식 위주의 음식물 섭취가 지나치게 많은 것은 아닌가요?

☑ 양육자가 싫어하는 음식을 아이에게도 제공하지 않은 것은 아닌가요?

☑ 아이와 함께 식사하며 좋은 모델링이 되어 주고 있나요?

☑ 건강교육이 지속적으로 이루어지고 있나요?

☑ 양육자는 아이가 좋아하는 식감을 파악하고 있나요?

해석

편식의 원인으로는 음식의 맛이나 식감이 거북한 구강 내 감각이 예민한 아이일 수 있고, 또 다른 원인으로 이전에 다양한 음식을 접하지 않았던 경험이나 먹는 것에 대해 강요당했던 경험, 음식을 먹고 토했던 경험 등 심리적인 원인으로 편식하는 아이일 수 있습니다.

양육자가 명심해야 할 것으로 지금 당장 몸에 좋다고 밥 한술, 반찬 한 번 더 먹이는 것보다는 더 멀리 보고 아이를 건강하게 키우려면 먹는 과정에 즐거움을 느끼고 식사시간을 즐겁게 인식할 수 있도록 하는 것을 주목표로 삼아야 합니다.

억지로 먹이려는 양육자와 먹지 않으려는 아이라면 결국 양쪽 모두 스트레스를 받게 될 것이고, 아이는 식사에 대해 더 부정적인 인식을 할 수 있어 오히려 거부감이 생기고, 이는 나쁜 습관을 더 강화하여 악순환이 될 수 있어요.

씨앗 단계 Solution

혹시 이유식기에 다양한 재료가 아닌 한정된 몇 가지 재료만으로 이유식을 했었다면 지금부터라도 다양한 음식을 접할 수 있도록 해 주세요. 또한 아이가 편식하는 식습관으로 인해 한 가지 반찬만 고집하거나 밥만 고집한다고 하더라도, 계속적으로 여러 가지 음식을 다양한 형태, 조리법으로 제공해 주는 것이 좋으며, 이 시기는 양육자도 아이가 어떤 식재료, 음식, 식감을 선호하는지 또 거부하는지 탐색해 가는 과정이라고 생각해야 합니다.

예를 들어, 잘 먹는 음식이 김이라면 김이라도 먹이고 싶은 마음에 김만 제공하지 않도록 하고 호박을 먹지 않는다고 하면 물컹한 식감이 아닌 튀기거나 전으로 제공해 봄으로써, 같은 재료라도 다른 식감을 느낄 수 있도록 하는 경험도 충분히 시켜 주세요.

음식에 대한 경험 부족으로 거부할 수는 있지만 다양한 탐색과정을 거치다 보면 점차 익숙한 음식들이 하나, 둘 생기면서 편식의 정도가 완화될 수 있습니다.

새싹 단계 Solution

씨앗 단계에서 많은 음식을 경험하지 못하여 여전히 편식이 심하다면 아마 연령이 높아질수록 더 강하게 거부할 거예요. 자연스럽게 음식을 노출하는 것만으로는 직접적으로 다양한 음식을 접촉하는 것이 너무 어렵고, 거부하던 음식에 대한 인식변화를 주기에도 한계가 있어 좀 더 특별한 경험이 필요해요. 기본적으로 평소 역할놀이나 그림책을 보며 식습관에 대한 교육이 이뤄지고 간접 경험할 수 있도록 하는 것은 물론이며, 간단한 요리 활동에 참여할 기회를 자주 제공하세요. 식사 때 참여시키는 것이 힘들다면 간식을 만들고 준비하는 과정에 참여하는 것도 좋습니다.

민주 선생님 Tips 케이크 자르기 칼(아이가 사용하기에 안전한 칼)을 사용해서 평소 좋아하지 않던 식재료를 직접 잘라 준비하기, 식재료의 세척, 손으로 으깨거나 버무리기, 모양 커터를 사용해 여러 가지 모양내보기, 식빵 피자에 직접 장식(토핑)해 보기 등 요리 활동에 자주 참여시켜 주세요.

열매 단계 Solution

식사는 양육자와 함께하며 되도록 양육자와 같은 반찬을 먹어 보도록 하여 모델링해 주고, 식사 전에 식판이나 접시를 사용하여 스스로 먹을 만큼 반찬을 덜어갈 수 있도록 해 주세요. 비록 아이가 먹기 힘든 음식을 딱 1조각 뜨더라도 먹기 힘든 음식임에도 시도하는 것에 칭찬해 주세요.

가능하다면 텃밭 가꾸기나 주말농장을 추천합니다. 어렵지 않게 재배할 수 있는 토마토, 고추, 오이, 상추 등 직접 가꾸고 수확하고 씻어서 요리하는 과정은 더없이 좋은 경험이 될 수 있고 식습관 개선에도 많은 도움이 될 수 있습니다. 새싹 단계에서 수준을 좀 더 높여 요리 활동에 참여하거나 장을 볼 때 재료를 스스로 골라 담도록 함으로써 식재료에 대한 거부감을 줄여 주는 것도 추천합니다.

민주 선생님 Tips 편식하지 않고 먹었을 때 스티커 붙이기나 먹기 힘든 음식 그림판을 만들어 도전하고 성공한 음식 색칠하기 등의 게임으로 동기부여를 해 주세요. 식사 장소에 붙여두고 칭찬과 함께 과하지 않은 보상으로 성취감을 느낄 수 있도록 해 주세요.

맛보기 도전!
성공한 곳에 스티커를 붙여주세요♡

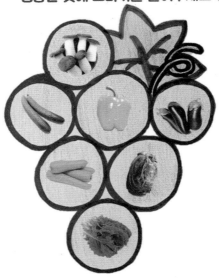

〈편식스티커판 예시〉

• 음식을 뱉거나 입에 물고 있는 아이

고민내용

- 후기 이유식을 하고 있는데 초기 이유식은 주는 대로 잘 먹었는데 중기부터 잘 먹지 않고 입에 물고 있거나 뱉어냅니다. 요즘은 이전에 잘 삼켰던 음식들까지 거부하거나 씹지 않고 물고 있어요. 이럴 때 뱉도록 해야 할지, 억지로라도 삼키게 해야 할지 모르겠습니다.
- 5살 아이인데 아주 부드러운 음식만 먹으려고 하고 고기나 오징어처럼 조금 씹기 힘든 식감은 씹다가 즙만 삼키고 뱉어냅니다. 그런데 어린이집에서는 편식을 하기는 해도 좋아하는 반찬이랑 밥을 다 먹는다고 해요.

민주 선생님's ✓Check point

- ☑ 비교적 오랫동안 이유식이나 진밥을 제공한 것은 아닌가요?
- ☑ 국이나 물에 말아 먹는 습관이 있는 것은 아닌가요?
- ☑ (한입에) 너무 많은 음식을 제공한 것은 아닌가요?
- ☑ 식사 도중 물을 많이 마셔 물배를 채우는 것은 아닌가요?
- ☑ 양육자는 아이가 좋아하는 식감을 파악하고 있나요?

해석

오래 물고 있는 아이의 원인은 먹기가 싫은 것인지, 씹기가 싫은 것인지 두 가지로 구분하여 생각해 봐야 합니다. 먹기 싫은 것이라면 물, 우유, 간식의 양이 배를 채울 만큼 많지 않았나 되짚어 봐야 하고, 반면 간식까지 잘 먹지 않고 물고 있는 아이는 정말 음식물을 씹기 싫어하는 아이라고 생각할 수 있습니다.

후자일 경우 기질적으로 다른 아이들보다 구강 내 감각이 좀 더 예민할 수 있어요.

아이들은 성인보다 3배 이상으로 입속의 감각이 예민한데, 구강 내 감각이 예민한 아이들은 환경을 바꿔주는 것도 중요하지만, 이보다 아이의 성향을 더 존중할 필요가 있고 다른 식습관 문제를 가진 아이들보다 훨씬 시간이 오래 걸릴 수 있으므로 인내를 갖고 지금 당장 보다는 조금씩 변화될 아이의 미래를 생각하며 포기하지 않아야 합니다.

민주 선생님 Tips 어느 정도 월령이 되었을 때는 너무 진밥이나 부드러운 음식만 제공할 것이 아니라 그 월령에 맞는 음식을 제공하여 충분히 씹는 경험과 저작 작용을 해서 치아 건강 및 턱 근육 발달도 시켜 주어야 합니다.

씨앗 단계 Solution

이유식 단계에서도 월령이 높아질수록 꼭 필요한 훈련은 씹는 능력을 길러주는 것입니다. 너무 늦은 시기까지 이유식, 진밥, 우유, 분유를 제공하거나 반찬도 너무 잘게 부수거나 또는 부드러운 것만 제공하여 씹을 거리를 제공하지 않는 경우가 있습니다.

이는 씹는 경험이 부족하여 치아·턱근육 발달에도 문제가 될 수 있으므로 걸음마기부터는 점차 다양한 음식들을 접하고 씹어 볼 수 있도록 해 주세요.

또한 씨앗 단계부터 자기 주도식을 할 수 있도록 하여 입안이 예민한 아이라고 하더라도 스스로 먹는 양을 조절할 수 있도록 하는 것이 중요합니다.

조금이라도 더 먹이고 싶은 마음에 좋아하는 김 안에 생선 반찬, 나물 반찬 등 평소 먹기 힘들어하는 음식을 숨겨 두는 경우가 있어요. 그러나 예민한 아이들은 귀신같이 혀로 그 반찬을 쏙 골라내거나 웩 뱉어버려요.

이 과정이 반복되면 아이는 양육자가 주는 음식에 대해 신뢰하지 못하고, 식사에 대한 부정적인 인식이 생기게 되어 식습관을 수정해 나가기가 더 어렵게 될 수 있으므로 주의해야 합니다.

새싹 단계 Solution

지나치게 많은 음식은 오히려 아이에게 부담이 될 수 있습니다. 한 번에 제공되는 식사의 양도 조절해야 하고 한입에 들어가는 음식의 양도 조절해야 합니다. 또한 음식은 다 삼킨 후에 다음 음식을 줘야만 부담 없이 씹어 삼킬 수 있어요.

한 입 먹을 양보다 적게 해서 씹는 것도 목으로 삼키는 것도 부담되지 않도록 해 주세요. 단, 물이나 국에 말아주는 것은 씹는 훈련(저작 작용)을 더 방해하는 것이므로 삼가는 것이 좋아요.

식사시간은 40분을 넘기지 않도록 하여 아이를 힘들게 하지 않아야 합니다. "다 먹지 못해 아쉽지만, 다음 식사시간에 좀 더 힘내 보자. 잘했어."라는 격려의 말을 해 주고 다음 식사 전까지 간식의 양도 조절해 주세요.

열매 단계 Solution

일단 음식을 씹어 맛을 느끼는 즐거움을 알아야 하므로 아이가 좋아하는 음식 위주로 제공해 보세요. 단, 간식이나 좋아하는 반찬은 잘 먹는데 밥만 물고 있는 아이들은 씹기가 힘든 아이는 아닙니다. 이때 좋아하는 음식이나 간식만 준다면 편식하는 습관이 생길 수 있으므로 먹기가 싫은 것인지, 씹기가 싫은 것인지 잘 관찰하고 판단해야 합니다.

식사 간격은 3~4시간이 좋지만 시간 간격을 길게 두고 중간 간식의 양도 줄여서 포만감이 아니라 배고픔을 좀 더 느낄 수 있게 해 주는 것도 방법이 될 수 있습니다. 마찬가지로 식사시간은 40분을 넘기지 않도록 해서 먹는 것에 대한 부정적인 인식을 하지 않도록 주의하세요. 아이에게 지금 당장 한 끼 식사보다는 앞으로의 식습관이 중요하므로 식습관 지도에서 조급함은 금물입니다.

민주 선생님 Tips

입이 예민한 아이에게는 특히 식사와 편식하지 않는 습관을 동시에 지도하게 되면 훨씬 더 거부감이 심해질 수 있으므로 다른 아이들보다 천천히 점진적으로 개선해 나갈 수 있도록 조절해 주세요.

정서발달

- 겁이 많은 아이
- 감정 변화가 심한 아이
- 부끄럼이 많고 소심한 아이
- 분리불안이 심한 아이
- 승부욕이 강한 아이
- 자존감이 낮은 아이

• 겁이 많은 아이

고민내용

너무 겁이 많아서 할 수 있는 것들이 별로 없어 걱정입니다. 새로운 활동을 하거나 놀이를 할 때도 겁을 내고 심지어 장난감을 무서워하기도 합니다. 자기 방이 있는데도 낮에는 잘 들어가지만, 밤이 되면 무서워서 잠도 엄마랑 같이 자야 하고 혼자서는 들어가려고 하질 않아요.

민주 선생님's ✔Check point

☑ 아이의 기질을 잘 파악하고 있나요?

☑ 감각이 예민한 아이는 아닌가요?

☑ 양육자는 아이가 정확하게 어떤 것을 무서워하는지 파악하고 있나요?

해석

오히려 아주 어린 아이들은 양육자와의 분리 이외에는 무서움을 잘 느끼지 못할 수 있습니다. 그런데 성장함에 따라 점차 인지가 발달하고 정서가 발달하면서 아이가 느끼는 감정이 더욱 세분화되어 어떤 사물에 대한 공포심이나, 일어나지 않은 일에 대한 두려움이 생기기 마련입니다.

가장 먼저 아이가 무엇을 무서워하는지 정확하게 파악해야만 그 원인과 해결방법을 알 수 있겠죠. 사물에 대한 두려움인지, 어떤 장소(병원, 어린이집, 목욕탕 등)에 대한 두려움인지 또는 어떤 행위에 대한 두려움인지 등에 관한 원인을 파악해야 합니다.

특정한 원인이 아니라 기질적으로 겁이 많은 아이라면, 타고나길 다른 아이들보다 감각이 예민하고 환경에 대한 적응이 어렵고 겁이 많은 모습일 거예요. 이런 경우 억지로 아이를 단련시키기보다 아이의 기질을 충분히 수용해 줄 수 있어야 합니다.

기질은 바뀌지 않아요. 그렇기 때문에 아이에게 맞는 양육법을 잘 알고 육아에 임해야만 스트레스로 인한 강박증이나 트라우마 등의 더 큰 문제행동을 예방할 수 있습니다.

 ## 씨앗 단계 Solution

무엇보다 분리불안이 최고조에 달하는 시기이므로 대부분의 아이들은 애착형성이 된 양육자와의 분리불안감, 낯선 사람과의 장소, 상황에 대한 경계심이 높습니다. 기질에 따라 분리불안을 예민하게 느끼는 아이들이 있고 덜 느끼는 아이도 있습니다.

하지만 생후 3~36개월 동안은 아이의 기질이나 행동표현과는 상관없이 안정애착 형성에 신경 써야 하는 시기입니다.

또 내 아이가 다른 아이들보다 감각이 예민하다면, 오감 중 어떤 감각에 더 예민하게 반응하는지도 관찰하고 더 자극하지 않도록 하여 트라우마가 생기지 않도록 해 주어야 합니다.

아주 어린아이는 처음 보는 낯선 물건이나 소리에 대해 경험이 부족하여 깜짝 놀라는 모습을 볼 수가 있고, 선뜻 다가가지 않고 경계하며 만지기를 거부하기도 합니다. 이때 '아! 너는 이걸 싫어하는구나'라고 판단하고, 멈추는 것보다는 조금씩 천천히 노출하면서 점진적으로 경험을 시켜 줄 수 있도록 해야 합니다.

낯선 것과 싫어하는 것은 분명 차이가 있으므로 양육자의 노력으로 아이가 최대한의 다양한 경험을 할 수 있도록 해 주어야 합니다.

새싹 단계 Solution

겁이 많은 아이일수록 신중하고 조심스러운 모습을 보일 거예요. 아직은 자기가 느끼는 감정에 대해 정확하게 표현하지 못하는 단계이므로, 양육자는 자칫 아이가 느끼는 두려운 감정을 무시할 수 있습니다. 그러므로 내 아이가 기질적으로 겁이 많다고 판단이 된다면, 낯선 환경에서의 적응이나 새로운 사람, 활동들을 경험할 때 탐색하는 시간을 충분히 줄 수 있도록 해야 하고, 양육자가 함께하며 편안하게 적응해 나갈 수 있도록 도와야 합니다.

민주 선생님 Tips

기질적으로 겁이 많은 아이들은 새로운 것에 대해 사전 경험이나 간접 경험으로 두려움을 완화시켜 주면 좋아요. 직접 경험이 어렵다면 그림책이나 사진 자료, 놀이를 통해 먼저 경험할 수 있도록 하면 훨씬 도움이 될 수 있어요(예 : 동물원에 가기 전에 동물 사진이나 영상을 보고 동물놀이 즐기기, 병원에 가기 전에는 병원놀이 소품을 활용해 병원놀이 즐기기 등).

열매 단계 Solution

점차 정서발달이 이뤄지면서 아이가 느낄 수 있는 감정도 세분화되는 시기입니다. 이전에 무서워하지 않던 것도 공포심, 두려움을 느낄 수 있고, 일어나지 않은 일에 대해 상상을 하며 걱정이 많아지기도 합니다.
보통 만 4세부터 "무서워."라는 말을 종종 하게 되고 초등 저학년 시기까지도 상당히 예민하게 느낄 수 있는 정서입니다. 이는 성장하면서 자연스럽게 완화될 수 있으므로 그 시기에 느끼는 감정에 대해 공감하고 인정해 주면서 안심시켜 주는 과정이 중요합니다.

민주 선생님 Tips

"하나도 안 무서운 건데? 뭐가 무섭다고 그래?"라는 식으로 아이의 감정이 무시된다면 더욱 불안감을 느끼고 두려움에 대해서도 극대화될 수 있으므로 주의해야 합니다.

자녀가 당신에게 요구하는 건 대부분
자기들을 있는 그대로 사랑해 달라는 것이지,
온 시간을 다 바쳐서
자기들의 잘잘못을 가려달라는 게 아니다.

- 빌 에어즈 -

• 감정 변화가 심한 아이

고민내용

아이가 감정 변화가 심해 육아가 너무 힘들어요. 기분이 좋다가도 한순간 조금 마음에 들지 않는 것이 있거나 컨디션이 좋지 않으면 너무 힘들어하고 신경질적으로 변합니다. 그러다 보니 울기도 잘 울고 울음도 길어서 처음에는 달래주다가 결국 외면하게 되고요.

이렇게 대처하는 것이 아이에게 좋지 않고 나아지지 않는다는 것을 알지만 아이의 감정을 어디까지 수용해 주어야 하는지, 그럼에도 울음이 계속된다면 어떻게 해야 좋을지 모르겠어요.

민주 선생님's ✔Check point

- ☑ 아이의 기질은 정확하게 파악하고 있나요?
- ☑ 수면이 부족한 것은 아닌가요?
- ☑ 언어발달이 늦은 것은 아닌가요?
- ☑ 양육자의 감정 변화가 심한 것은 아닌가요?
- ☑ 평소 스트레스가 있는 것은 아닌가요?

해석

감정 변화가 심한 아이는 두 가지로 생각해 보아야 합니다. 먼저 타고난 기질이 다른 사람에 비해 좀 더 예민한 아이는 아닌지, 또는 양육환경에서 원인이 있었던 것은 아닌지에 대한 점검이 필요합니다.

타고난 기질이 예민한 편인 아이들은 청각, 시각, 촉각 등의 감각에 예민함을 보일 수 있는데 그렇다면 내 아이가 어떤 감각이 예민한지를 구체적으로 파악하면서 양육이 이뤄져야 합니다.

또한 양육환경에서 아이가 스트레를 받을 만한 스트레스 요인이 있지 않은지 점검해 보세요. 양육자와 보내는 시간이 부족하거나, 양육자와 성향이 너무 달라도 스트레스를 받을 수 있어요. 동생이 태어나거나 양육환경이 바뀌어 적응이 필요한 상태이거나, 수면이 부족한 상태라면 늘 예민함을 보일 수 있으므로 감정 변화가 심하게 나타나기도 합니다.

특히 양육자의 감정 변화가 심하다면 모델링되거나 유전되었을 수 있습니다. 그러므로 아이의 감정 변화에 대해 다양한 원인을 생각해 보고, 원인을 정확하게 파악해야 그에 맞는 해결방법을 선택하여 행동을 수정해 나갈 수 있습니다. 아이를 잘 관찰해 보고 양육환경이나 태도도 점검해 보세요.

씨앗 단계 Solution

이 시기에도 언어적인 소통이 어려워 대부분의 불편한 감정을 울음으로 표현할 수 있어요. 되도록 양육자가 언어표현이 되지 않는 아이의 의도를 빨리 파악하고 들어줄 수 있도록 하는 것이 좋아요. 그리고 스스로 컨디션 조절이 힘든 시기이므로 아이가 밤잠과 낮잠을 충분히 자고 있는지도 살펴 수면이 부족하지 않도록 해 주어야 합니다.

아이들의 행동 특징에서 피곤할 때, 잠이 올 때, 잠을 못 잤을 때 더 흥분상태가 된다는 것입니다. 그런데 간혹 이 모습을 보고 잠이 없는 아이, 잠자고 싶어하지 않는 날로 오해할 수가 있어요.

그러므로 충분한 수면으로 아이의 컨디션을 조절하고, 규칙적인 식사와 간식을 제공하여 배고픔으로 짜증을 내지 않도록 하고, 혹시 양육자가 육아 또는 훈육하는 과정에서 부정적인 감정을 자주 표현하는 것은 아닌지도 되돌아 보세요.

새싹 단계 Solution

언어적 표현이 미숙한 시기이기는 하지만, 또래에 비해 언어가 좀 더 늦은 편이라면, 어느 정도 인지발달이 이뤄짐에 따라 요구사항은 다양해지는데 언어 표현이 잘 안 되고 전달이 잘되지 않아 아이 스스로 답답함이 반복되므로 감정 변화가 심할 수 있어요. 기본적으로 언어발달을 촉진하는 데 집중하면서 자기감정을 스스로 인식하고 조절하는 훈련도 필요합니다.

아직 자기가 느끼는 감정에 대한 정확한 인식이 부족하므로 아이의 감정을 언어화해 주는 과정이 필요해요. "기분이 좋아?, 화가 났어?, 속상해? 슬픈 표정인 것 같은데?" 등 아이의 감정을 유추해서 정확한 언어로 물어보고 기분에 따른 적절한 표현법을 알려 주어야 합니다.

감정 카드를 준비해서 아이에게 지금 기분은 어떤지 카드를 골라 보여 주도록 합니다. 특히 아이가 부정적인 감정을 느낄 때나 스트레스가 많아 보일 때는 놀이를 통해 해소할 수 있게 도와주는 것도 아주 좋은 방법이 될 수 있어요.

부정적인 감정을 해소하는데 도움이 되는 놀이 추천!
민주 선생님 Tips
클레이 만들기, 두부, 밀가루 반죽 등 촉감놀이, 모래놀이, 공놀이, 신문지 찢기, 신체 활동 등의 놀이가 도움이 될 수 있어요.

열매 단계 Solution

이 시기에는 충분히 언어로 자기표현이 가능하고 자기감정에 대해서도 이해하고 표현할 수 있어야 합니다. 더불어 자신의 감정을 스스로 통제하는 훈련도 이뤄지도록 해야 해요. 그렇지만 아직 감정조절까지는 어려울 수 있으므로 아이가 느끼는 감정에 대해 공감해 주되, 스스로 감정을 정리할 수 있는 시간을 주세요. 기분이 너무 좋지 않을 때에는 아이가 마음을 추스를 수 있는 공간을 정하고, 그곳에서 감정을 정리한 후 양육자와 함께 이야기하는 것을 반복해 보세요.

이러한 상호작용을 통해 "기분이 좋지 않아 보이는데 짜증이 났니?"라고 아이의 감정을 공감을 하면서 그런데 무작정 짜증내면 다른 사람의 기분을 상하게 할 수 있고, 도와주고 싶어도 도와줄 수가 없다는 것을 알려 주는 것도 필요합니다. "먼저 마음을 가라앉히고 이야기하면 언제든 들어줄 수 있고 도와줄 수 있단다. 기다리고 있을게."라고 차분하게 이야기한 후 기다려 주세요.

처음부터 잘되진 않겠지만, 주요 포인트는 스스로 자기감정을 인지하고 정리할 수 있도록 하는 연습입니다. 그래야 나중에 집이 아닌 어린이집, 학교 등 사회에서도 자기감정 조절이 가능하게 됩니다. 양육자가 함께 부정적인 감정에 대해 표출하게 되면 아이는 아무것도 배울 수 없고, 오히려 그 모습을 보고 모방행동을 하게 될 것이므로 양육자의 감정조절도 굉장히 중요하다는 것을 명심해야 합니다.

• 부끄럼이 많고 소심한 아이

고민내용

부끄럼이 너무 많은 아이라 걱정이 됩니다. 매일 다니는 어린이집도 주말을 지내고 가면 여전히 부끄러워하고 이야기 나누기 시간에는 발표하기도 어려워 해요. 놀이터에서 친구들이랑 노는 모습을 보면 주도하는 모습은커녕 너무 소극적인 모습입니다.

선생님도 많이 도와주시고 집에서도 부끄러워하지 않아도 된다고 계속해서 이야기를 해 주는데 고쳐지지 않아요. 학교에 가서는 어찌할지 걱정이 많이 됩니다.

민주 선생님's ✓Check point

- ☑ 내 아이의 기질을 정확하게 파악하고 있나요?
- ☑ 양육자 중 부끄럼이 많고 내향적 성격을 가진 사람이 있나요?
- ☑ 기질을 존중하지 않고 적극적인 태도를 강요한 것은 아닌가요?
- ☑ 평소 애착 형성이 된 주양육자와 함께 다양한 경험을 하고 있나요?

해석

부끄럼이 많고 소심한 아이는 보통 태어날 때부터 타고난 기질, 유전적인 영향이 작용한다고 생각해야 합니다.

새로운 환경이나 자극에 크게 반응하는 아이들과 달리, 새로운 환경이나 낯선 사람에 적응하는 시간이 더 오래 걸리고 앞에 나서는 것도 힘들고 자기표현도 소극적일 수 있어요.

그러므로 먼저 내 아이의 기질을 정확하게 파악하는 과정이 필요합니다. 기질은 어떤 것이 '잘한다, 잘못한다'라는 개념이 아니므로 평가의 기준으로 관찰하기보다, 아이의 있는 그대로의 모습을 관찰하고 그에 맞는 양육법으로 육아를 하도록 하는 것이 도움이 됩니다.

민주 선생님 Tips

사람마다 타고난 기질이 있는데 태어나기 전 엄마 뱃속에서부터 신경전달물질에 의해 정해진 기질은 변하지 않습니다. 반면 성격은 양육자의 양육 태도, 자라는 환경, 직접 경험들을 통해 아이가 태어난 후 18세 정도까지 형성된다고 합니다. 그러므로 아이의 기질을 존중하면서 적절한 양육환경과 다양한 경험을 통해 아이의 성격 형성에 도움과 용기를 줄 수 있답니다.

 씨앗 단계 Solution ─────────

두 돌 이전의 아이들은(발달에 개인차가 있으므로 세 돌까지 해당하기도 함) 새로운 공간이나 사람에 대해 낯을 가리고 부끄러워하는 것이 소극적인 것이 아닐 수 있어요. 기질적으로 부끄럼이 많고 소극적인 아이가 아님에도 애착 형성이 이뤄지는 시기에는 분리불안을 느끼는 것이 당연합니다.

어떤 아이라도 양육자와 분리가 될 때 정서적으로 불안함을 느낄 수 있으므로 주양육자 없이 낯선 환경이나 낯선 사람에게 지나치게 또는 갑자기 노출되는 것은 위험한 행동입니다.

안정적인 애착 형성을 할 수 있도록 하여 정서적인 불안함을 느끼지 않도록 하는 것도 중요합니다.

이민주 ·육아상담소·

YouTube 채널 <이민주 육아상담소> ▶
애착형성/분리불안은 채널 영상을 참고하세요.

새싹 단계 Solution

세 돌이 지났다면 이제는 아이의 기질을 정확하게 파악하고 인정해 주어야 합니다. 새로운 곳에서 어떤 경험을 할 때 아이를 재촉하거나 적극적인 태도를 보이도록 강요하기보다 양육자가 먼저 시범을 보이거나 함께 경험하는 과정을 통해 성공감을 느낄 수 있도록 하는 것이 중요합니다.

충분한 시간을 주고 기다려주는 인내가 필요해요. 그리고 아이가 해내는 과정에서 많이 칭찬해 주고 그 다음에도 같은 경험을 하도록 해 보세요.

민주 선생님 Tips

아이가 힘들어한다는 이유로 새로운 경험을 하지 않는다면 기질을 보완해 나갈 수 없으므로 보다 다양한 직접 경험을 해 보는 것이 중요합니다. 다만, 아이의 기질을 존중해 양육자가 함께 참여하거나 탐색시간, 적응시간을 충분히 주는 등 점진적으로 도움을 줄 수 있도록 해 주세요.

열매 단계 Solution

부끄러움을 느끼는 자기감정에 대해 표현할 수 있도록 도와주고 못 하거나 나쁜 것이 아님을 알려 주세요. 화가 나는 감정을 더 많이 표현하는 사람이 있고, 슬픈 감정이 많아 눈물이 많은 사람이 있듯이, 부끄러움을 더 많이 느끼는 사람도 있다고 이야기해 주며 자기 자신에 대해 그대로 인정할 수 있도록 해 주어야 합니다.

자칫 그런 감정을 느끼는 자신을 부정적으로 인식할 수 있고, 이 과정에서 자존감이 낮아질 수 있으므로 아이의 기질을 존중해 주는 것이 필요합니다. 그리고 자신감을 가질 수 있도록 양육자와 함께 다양한 경험을 할 수 있도록 해 주세요. 그러면 수업시간이나 친구와의 놀이에서도 자신의 경험을 적용하면서 좀 더 자신감을 가질 수 있습니다.

부끄럼이 많고 소심한 아이들은 새로운 도전 과제에 불편함을 느낄 수 있지만 잘 알고 익숙한 일들에 대해서는 잘해 낼 수 있으므로 용기를 북돋아 주어야 합니다.

민주 선생님 Tips

양육자는 내 아이가 집단에서 주도하는 리더가 되지 않으면 멋지지 않다는 인상을 받을 수 있는데, 꼭 주도하는 사람이 아니더라도 그 집단 안에서 다른 사람과 잘 어울리며 세심하게 구성원을 챙길 수 있는 자질을 갖는 것도 훌륭한 것임을 인식해야 합니다.

• 분리불안이 심한 아이

고민내용

엄마나 아빠가 옆에 없거나 잠깐 떨어져 있는 상황에서도 많이 울고 힘들어합니다. 심할 땐 집 안에 함께 있는데도 옆에만 붙어 있으려고 하고, 잠깐 일어나서 다른 할 일을 하는 것도 울며 따라다닐 때가 있어요. 왜 그런 걸까요?

민주 선생님's ✔Check point

☑ 36개월 이전의 아이인가요?

☑ 3~36개월 주양육자와 안정적인 애착 형성이 이뤄졌나요?

☑ 이전에 예고 없이 아이와 떨어져 있었던 경험으로 아이가 힘들어했던 적이 있나요?

☑ 갑자기 나타나는 행동이라면 양육환경에서의 변화가 있었던 것은 아닌가요? (예 : 이사, 기관 이동, 동생 출산, 부모의 이혼 등)

해석

분리불안은 시기에 따라 정상적인 행동일 수도 있고, 문제 행동일 수도 있습니다. 생후 3~36개월 아기들은 주양육자와 애착 관계가 형성되어야 하는데 애착이 형성되는 시기에 양육자와 떨어질 때 울음, 불안, 공포 등의 반응이 나타나는 것입니다. 그러므로 분리불안이 무조건 나쁜 것은 아닙니다. 오히려 분리불안 증상을 전혀 보이지 않는 아이는 애착 형성이 잘 형성되지 않았기 때문일 수 있어요. 평균적으로 18개월에 낯가림과 분리불안이 절정에 이르며 24개월이 지나면 점차 사라집니다. 이는 개인차가 있으므로 3~4살까지 지속될 수 있어요.

씨앗 단계 Solution

엄마의 복직 등으로 인해 아이를 직접 돌볼 수 없는 상황이라면 되도록 생후 24개월까지는 기관보다는 1:1 양육으로, 엄마가 아니더라도 조부모 등 주양육자에게 애착 형성을 하는 것이 좋습니다. 이곳, 저곳을 옮겨 다니며 지내는 것은 불안을 느낄 수 있으므로 주양육자가 아이의 집으로 와서 생활하는 것이 좋아요. 거리가 멀어 주중에는 할머니 집에서 지내고 주말에만 엄마, 아빠와 집에 와서 보내는 아이들도 주의해야 해요. 엄마, 아빠는 주말에 아이와 함께 보내서 좋겠지만 아이는 혼란스러울 수 있어요. 할머니와 애착 형성이 온전히 될 때까지는 주말에 엄마, 아빠가 할머니 집에서 아이와 함께 보내는 것이 좋습니다. 아무리 엄마라도 애착 형성이 할머니와 되는 과정이라면 할머니가 없는 주말이 불안할 수 있고, 또 적응할 만하면 주중에 할머니에게로 옮기면서 엄마, 아빠와 떨어져야 하는 그 경험이 반복되면 4~5살이 되었을 때 애착 장애로 인한 분리불안 증상을 보일 수 있습니다.

주양육자가 복직해야 하는 경우 이렇게 하세요!

복직하기 전, 최소 2~3개월 정도는 집단 놀이 경험을 할 수 있는 문화센터, 놀이 공간에 다니며 선생님, 친구들과 함께 짧은 시간을 보내는 경험이 도움이 될 수 있어요. 그리고 어린이집에 등원하기 전 1개월 정도는 경험 횟수와 시간도 늘려주는 것이 좋습니다. 더불어 까꿍놀이나 숨바꼭질 등 양육자가 눈앞에서 사라졌다 나타났다 할 수 있는 놀이를 반복해서 '눈에서 사라졌다가도 다시 나타나는 거구나'라는 인지를 할 수 있도록 하면 도움이 된답니다.

새싹 단계 Solution

개별 발달차가 있으므로 애착 관계를 맺는 시기이거나 지났을 수 있는 단계에서 분리불안을 보이는 상태라면 아이도 엄마도 힘든 시간을 보내고 있을 거예요. 손을 빨거나, 손톱을 물어 뜯기도 하고, 심하면 눈을 깜빡이거나 자위행위를 하기도 하며, 불안한 마음을 행동으로 표출하기도 합니다. 하지만 애착 형성은 늦었다고 포기할 수 있는 것이 아닙니다. 그러므로 초기 애착시기에 3~24개월에 하지 못했던 애착 형성 단계 그대로 다시 진행해 보세요.

아이와 눈 맞춤, 스킨십, 온전한 시간 보내기, 소통하기를 실천해야 합니다. 아이의 불안 행동에 덩달아 불안해하고 걱정만 한다면 그 감정까지 아이에게 그대로 전이되기 때문에 도움이 되지 않아요. 포기하지 않고 지금 당장 몇 개월 온전히 아이와 애착 형성에 집중해야 합니다. 반드시 아이는 엄마, 아빠에게 마음을 열 것입니다. 또한 이 시기에 아이가 기관에 등원 예정이라면 애착 물건을 만들어 주세요. 애착 인형, 애착 이불, 애착 손수건 또는 엄마 냄새가 나는 엄마 옷 등 양육자가 없어도 애착 물건을 통해 안정감을 느낄 수 있으므로 큰 도움이 된답니다.

 열매 단계 Solution

이 단계에서 어느 정도까지는 이전 단계와 마찬가지로 심리적 안정, 애착 형성이 이뤄질 수 있도록 시도해 보세요. 그러나 아이가 5~6살이 지났는데도 분리불안 증상이 심하다면 문제가 되는 행동으로 판단할 수 있어요. 정도에 따라 적절한 대처가 필요합니다(단, 기관 적응 초기에는 일시적으로 나타날 수 있음. 4주 이상 지속하면 분리불안을 고려해 볼 것). 아이가 상황을 이해할 수 있도록 적절한 인지 치료, 단계적 노출훈련을 받도록 하여 행동 수정을 할 수 있도록 해야 합니다.

시기가 더 늦어지거나 섣불리 잘못된 방법으로 시도한다면, 분리불안 행동이 강화될 뿐만 아니라 부모와 아이가 부정적 관계로 발전할 수 있고, 감정 소모가 심하므로 육아종합지원센터, 아동심리상담소 등을 방문하여 전문가의 상담을 받아보도록 추천합니다.

분리불안의 원인을 점검해 보세요.

☑ 아이와 했던 사소한 약속이나 규칙을 양육자가 지키지 않았던
　 적이 있나요?

☑ 애착 형성 시기 불안정 애착으로 36개월 이후 보이는 분리불안

☑ 기질적으로 예민하고 낯가림이 심한 경우

☑ 부모의 행동이 원인이 되었을 경우
　 • 부모가 불안감이 컸거나 지나친 보호나 간섭(과잉보호)
　 • 아이 앞에서 부모의 잦은 다툼이나 이혼
　 • 아이에게 예고 없이 자리를 비우거나 맡겨두고 떠나는 행동

☑ 아이의 특정 경험
　 • 양육자가 자주 바뀌었거나 여러 명인 상황
　 • 잘못된 어린이집 적응 등 아이에게 트라우마가 된 경우

● 자존감이 낮은 아이

고민내용

요즘 아이가 버릇처럼 "난 못해. 어려워. 내가 하면 넘어질 거야." 이런 말들을 합니다. 자존감이 아주 낮은 것 같아요. 평소 엄하게 키우는 편인데 그 영향인지, 아니면 아이의 성격인지 모르겠어요. 어떻게 하면 자존감을 높여 줄 수 있을까요?

민주 선생님's ✔Check point

- ☑ 양육자가 아이와 소통할 때 자존감을 낮추는 말들을 한 것은 아닌가요?
- ☑ 일상에서 아이가 선택할 기회를 주지 않은 것은 아닌가요?
- ☑ 양육자의 자존감이 낮은 것은 아닌가요?

해석

'자존감'은 잘하는지 못하는지 타인이 나의 능력을 판단하는 것이 아니라 자기 자신에 대해 스스로 어떻게 인식하고 평가하는지를 말합니다. 자존감이 중요한 이유는 아무리 공부를 잘하고 재능이 뛰어난 사람이라 하더라도 자존감이 낮으면 성취감이나 만족감을 느끼지 못하고, 이는 사회성발달, 정서발달, 인지발달에까지 영향을 줄 수 있으며 성인이 되어도 다시 높아지기가 어렵습니다.

아이의 자존감을 높이고 낮추는 가장 기본이 되는 것이 바로 양육자의 말이며, 아이와의 소통법입니다. 양육자가 선택하는 짧은 언어, 추임새, 표정이 아이에게 큰 영향을 줄 수 있어요. 아이와 대화를 할 때 눈을 맞추고 대화하는지, 할 일을 하면서 귀로만 듣고 있는지도 중요하겠죠. 예를 들어, 나의 배우자가 내 얘기를 눈 맞추고 귀 기울여 들어줄 때 존중받는다는 느낌이 들까요? 휴대전화를 하면서 또는 컴퓨터를 하면서 "어어~ 듣고 있어~ 그래서~"라고 할 때 존중받는다는 느낌이 들까요? 마찬가지로 아이들도 익숙한 양육자의 말과 행동의 영향을 온전히 받으며 느끼고 있다는 것을 명심해야 합니다.

씨앗 단계 Solution

이 단계에서 가장 많이 하는 실수가 바로 애착 형성과 배변훈련 시기입니다. 세상에 태어나 처음으로 신뢰하고 신뢰받는 대상이 바로 주양육자인데, 이 경험은 아이의 자존감에 큰 영향을 줄 수 있어요. 아이에게 불안감을 주지 않도록 하여 건강한 정서를 발달시켜 주고 배변훈련을 할 때 좌절감이나 수치심을 느끼지 않도록 하는 것이 중요합니다.
혹시 양육자의 자존감이 낮은 것은 아닌지 한 번 생각하는 시간을 가져 보세요. 양육자의 자존감이 낮은 상태로 양육할 경우 아이에게도 영향을 줄 수 있으므로 나의 자존감에 대해서도 생각해 보고 점검해 보는 것이 필요합니다.

새싹 단계 Solution

두 돌이 지나면서 대표적인 발달이 바로 '자아 형성'인데요. 이 시기가 되면 "내가(할 거야)"와 같이 뭐든 서툴지만 스스로 하고자 합니다. 여름에 겨울 점퍼를 입는다고 하거나 햇빛이 쨍한 날 장화를 신는다고 하는 등 말도 안 되는 것으로 씨름할 때가 많죠. 그런데 되도록 이 시기에는 선택권을 많이 줄 수 있도록 하는 것이 자존감을 높여 주는 데 도움이 될 수 있어요.

시간이 오래 걸리고 정리거리가 많이 생겨서 양육자가 힘들어질 수 있지만, 오늘 신을 양말을 선택하는 경험, 오늘 먹을 간식을 선택하는 경험, 식기류를 사용해 스스로 먹는 경험 등 아주 사소한 경험들이 매일 반복되며 결국 자기 자신을 긍정적으로 인식해 나가는 계기가 된답니다.

너무 많은 선택지는 아이, 양육자 모두 힘들 수 있으므로 3~5가지 정도로 선택지를 주고 아이가 선택할 수 있도록 하면 수월하게 해 낼 수 있어요!(예 : 오늘은 이 빨간 색, 노란색, 초록색 옷들 중 어떤 옷을 입고 싶어?)

열매 단계 Solution

인지발달이 이뤄지기 시작하면서 자기중심적으로만 생각하던 아이들이 점차 다른 사람이 나를 어떻게 보는지에 대해 생각하고 행동하기도 합니다. 반면, 아직은 발달이 미숙하므로 자신이 느끼는 다양한 감정을 스스로 잘 이해하지 못하고 서툴게 표현하거나 행동할 수 있어요. 이 과정에서 자기 자신을 어떻게 바라보고 긍정적으로 인식하는지는 매우 중요해요. 이때 양육자의 말과 행동은 아이의 자존감에 큰 영향을 줄 수 있어요. '동생한테 양보해야 착한 아이지'와 같이 언뜻 보면 칭찬하는 것 같지만, 사실 아이는 양보하고 싶은 마음이 없는데 착한 아이가 되기 위해 양보를 하게 됩니다. 그러면 자신을 인식할 때 '난, 양보하고 싶지 않았어. 사실은 나쁜 아이구나'라는 부정적인 자아 인식을 하게 됩니다.

이 시기 한글이나 수 학습이 이뤄지며 '맞았다, 틀렸다'라는 평가를 하는 경우가 많은데, '맞았다, 틀렸다'라는 평가의 경험은 자존감과 직결되기 때문에 주의하세요. 자세한 내용은 8. 학습발달을 참고하세요.

양육자의 언어습관

• 아이의 자존감을 낮추는 양육자의 말

스읍, 또 또, 어휴, 그럴 줄 알았어, 쯧쯧쯧...,
너 때문에 어쩌고저쩌고..., 동생한테 양보해야 착한 아이지...

• 아이의 자존감을 높여주는 양육자의 말

역~시!, 괜찮아, 실수할 수 있어, 고마워, 미안해,
한번 해 볼래?, ㅇㅇ 덕분에 엄마 마음이 행복해...

● 승부욕이 강한 아이

고민내용

- 아이가 커갈수록 승부욕이 강해지는 것 같아요. 친구들과 즐겁게 시작한 놀이도 이기지 못하거나 1등을 못하면 결국 기분이 상한 채 끝나고 친구들도 "지면 울잖아."라고 이야기할 정도로 심하네요. 어떻게 알려 줘야 승부에 집착하지 않고 친구들과 즐겁게 놀 수 있을까요?
- 아이와 놀이할 때 자존감을 높여 주기 위해 항상 져줘야 하는지 아니면 정정당하게 규칙을 지키면서 이기는 모습을 보여 줘야 하는지 고민이 됩니다. 지는 경험을 해서 좌절하면 자존감이 낮아질까봐 걱정이 돼요.

민주 선생님's ✔Check point

- ☑ 아이의 기질을 파악하고 있나요?
- ☑ 지는 경험을 시켜 주지 않은 것은 아닌가요?
- ☑ 형제자매 간 경쟁심을 느낄 수 있는 상호작용을 하고 있는 것은 아닌가요?
- ☑ 아이가 실패하거나 좌절을 경험할 때 충분히 공감해 주었나요?

해석

인지발달이 이뤄지면 놀이에서도 규칙이 있고 승패가 있는 놀이를 즐기기 마련입니다. 보통 기질적으로 승부욕이 강한 아이들이 있지만 그럼에도 불구하고 패배를 인정하고 결과를 수용하는 태도는 필요합니다. 그러기 위해서는 가정에서부터 아이가 어렸을 때부터 지는 것에 대해 건강하게 받아드릴 수 있도록 가르쳐야 합니다. 또한 아이의 승부욕을 자극할 만한 양육환경은 아닌지도 점검해 볼 필요가 있습니다. 형제자매가 있다면 평소 자연스럽게 "누가 잘하나? 동생이 먼저 하겠네? 형아 처럼 해야지." 등의 말들로 승부욕을 자극하거나, 아이가 어떤 과제를 수행할 때 너무 많은 기대감으로 부담을 주지 않도록 해야 하고, 실패하고 좌절할 때 아이의 마음을 공감해 주지 않는 것 또한 승부에 집착하도록 하는 행동입니다.

 ## 씨앗 단계 Solution

씨앗 단계에서는 놀이나 일상에서 이기고 지는 경험에 노출이 많이 되지 않을 뿐만 아니라 아직은 발달 단계에서 이기고 지는 것에 대한 개념이 크게 없습니다. 다만, 아이와 달리기를 하거나 가위바위보를 하는 등 간단한 놀이를 할 때 무조건 아이가 이기도록 해 주고 이기는 경험만 시켜 준다면, 이후에 패배에 대해 더 큰 좌절감을 느낄 수 있습니다. 그러므로 씨앗 단계에서부터 자연스럽게 이기고 지는 경험을 할 수 있게 해 주세요.
그리고 아이가 지더라도 "열심히 했네. 박수~"라고 하며 열심히 임한 과정에 대해 격려하여 자연스럽게 결과보다 과정이 중요한 것임을 알도록 해 주세요.

 ## 새싹 단계 Solution

서서히 형제자매와의 경쟁, 친구와의 경쟁에 관심을 갖기 시작하는 시기입니다. 일상에서 "누가누가 잘하나?"보다는 "누구누구도 열심히 할 수 있어!"와 같이 경쟁을 부추기지 않고 열심히 하는 과정을 격려하여 상호작용을 할 수 있도록 합니다. 친구와 놀이할 때 승부욕이 아무리 강한 친구라고 해도 그 친구에게 항상 져줄 수는 없으므로, 먼저 가정에서 아빠, 엄마와의 경쟁에서도 지는 경험을 할 수 있도록 조절하고, 이때 승패보다는 과정에 대해 훨씬 집중하여 칭찬할 수 있도록 합니다.

또한 지는 경험을 시켜 준다고 의도적으로 아이를 좌절하도록 만들 필요는 없습니다. 아이가 졌을 때 "한 번 더 도전해 볼까?"라는 식으로 자연스럽게 넘어가는 것이 좋고 양육자가 나서서 승패를 언급하기보다는 "이야~ 끝까지 열심히 했네. 멋져." 와 같이 과정에 대해 먼저 칭찬해 주어 아이가 노력하고 포기하지 않은 것에 대해 성취감을 느끼도록 해 주세요.

열매 단계 Solution

인지발달이 충분히 이뤄진 열매 단계에서 승부욕이 강한 아이들의 경쟁심이 가장 두드러지게 나타나는 시기일 거예요. 특징적인 행동으로는 게임에서 질 것 같을 때 눈물을 보이거나 소리 지르기, 게임 중단하기 등의 모습을 보일 수 있고, 어떤 놀이를 하더라도 과정을 즐기기보다 승패에 집착하는 모습을 보일 거예요.

결과에 집중하는 놀이만 하게 된다면 늘 이길 수 없으므로 결국 자존감이 낮아질 수 있어요. 그러므로 지나치게 조절이 되지 않는다면 승패와 상관없는 게임이나 다른 사람과 협동해서 완성할 수 있는 놀이를 더 많이 즐길 수 있도록 해 주어 결과보다 과정에 흥미를 느끼고 성취감을 느낄 수 있도록 도와주세요.

마찬가지로 부모 형제와의 대결에서도 10번 중 3~4번은 지는 경험을 할 수 있도록 하고, 결과보다 과정을 중요하게 생각하고 이기고 지는 것은 중요하지 않다는 것을 반복적으로 알려 줘야 합니다. 그리고 결과와 상관없이 포기하지 않고 끝까지 해내는 모습이나, 이전보다 발전한 것에 대한 칭찬을 끊임없이 해 주는 것도 필요합니다.

민주 선생님 Tips

1등을 하지 못했거나 패배했을 때 울지 않는 모습이나 스스로 감정을 조절하려는 모습을 보인다면 반드시 칭찬해 주어 패배를 인정하는 행동이 강화될 수 있도록 해 주세요.

사회성발달

- 어린이집(기관), 새로운 환경에 적응이 힘든 아이
- 친구와 어울리지 못하는 아이
- 친구의 놀이감을 뺏는 아이
- 리더십이 부족한 아이

● 어린이집(기관), 새로운 환경에 적응이 힘든 아이

고민내용

어린이집에 등원한 지는 3주일 정도되었습니다. 처음에는 다른 친구들도 다들 힘들어하고 울면서 같이 적응을 시작했는데, 지금은 저희 아이만 심하게 울고 적응이 힘든 것 같아요.

이제는 어린이집 문 앞에만 가도 울고 들어가는 것부터가 전쟁이에요. 스트레스를 많이 받는지 집에서도 짜증이 많고 자다가도 자주 깨는 것 같아요. 왜 이렇게 적응이 힘든 걸까요?

민주 선생님's ✔Check point

- ☑ 아이의 기질을 정확하게 파악하고 있나요?
- ☑ 주양육자와 안정애착 형성이 되었나요?
- ☑ 적응 기간 단계에 따라 점진적인 적응이 이뤄질 수 있도록 하였나요?
- ☑ 아이가 다른 것에 집중할 때 몰래 사라지는 행동을 한 것은 아닌가요?

해석

적응 기간은 자녀의 개별 특성, 기질에 따라 차이가 있습니다. 그 이유는 보통의 아이들은 새로운 곳에 갔을 때 경계하지만 안심할 수 있는 부모가 함께 있으면 비교적 편안하게 호기심을 갖고 탐색을 해요. 그러다가 분리가 이뤄지기 시작하면서 울음을 보이고 힘들어합니다.

이때 아이가 안정적인 적응이 이뤄질 수 있도록 하기 위해서는 담임교사와 양육자의 역할이 정말 중요해요. 양육자는 어린이집에 등원하기 전에 기관의 적응프로그램이 어떻게 진행되는지 반드시 확인하고, 아이의 기질을 존중해 줄 수 있도록 협의를 하면 훨씬 도움이 됩니다.

기본적으로 적응 기간은 3주 정도 계획하는 것이 바람직하고, 기관마다 조금씩 차이가 있을 수 있고 영유아의 개별 특성과 기질에 따라서도 차이가 있음을 교사, 부모가 인정해 주어야 합니다.

 ## 씨앗 단계 Solution

3~36개월까지 아직 애착 형성이 이뤄지는 시기로 주양육자가 없는 낯선 환경에서 분리불안을 보이는 것은 당연한 상황으로 문제가 되지 않습니다. 오히려 양육자를 전혀 찾지 않는다면 애착 형성이 잘되어 있는 것인지 점검해 보아야 합니다.

이 시기에는 새로운 환경에서의 적응보다는 안정적인 애착 형성이 훨씬 중요합니다. 애착 형성이 되는 시기까지는 양육자가 양육하면 좋겠지만 그럴 수 없는 상황이라면 최대한 아이의 기질을 존중하면서 점진적인 적응이 이뤄질 수 있도록 해 주세요.

처음에 힘들어하지 않더라도 2주 이상 꾸준히 아이를 관찰해야 합니다. 자극추구형의 아이들은 분리가 이뤄져도 양육자와 헤어지는 자극보다 새로운 것, 새로운 선생님과 친구들에 대한 자극이 훨씬 강하기 때문에, 초반에는 아무렇지 않게 분리되고 심지어 집에 가지 않겠다고 하는 모습들을 보일 수 있어요. 이때 양육자는 '내가 아이와 애착 형성이 잘 이뤄지지 못한 건가?' 또는 '수월하게 적응이 끝났구나!'라고 착각할 수 있습니다.

초반에 다른 아이들이 울고 힘들어할 때 신경도 쓰지 않고 탐색과정을 즐기다가, 교실과 선생님, 장난감들이 익숙해지면 그때부터 적응이 시작되는 유형이라고 생각해야 합니다.

 ## 새싹 단계 Solution

씨앗 단계의 아이들과 크게 다르지 않게 애착 형성과 분리불안은 정상적으로 보일 수 있는 모습으로 생각해야 하고, 내 아이의 기질도 정확하게 파악한 후 충분히 고려해 주어야 합니다.

되도록 담임교사와 많은 소통을 하며 아이에 대한 정보를 나눌 수 있도록 하는 것이 도움이 되겠죠. 또한 애착 물건이 있다면 적응하는 동안 반드시 가지고 있을 수 있도록 하고, 양육자의 사진이나 양육자의 옷을 갖고 있도록 하는 것도 아이가 안정을 찾을 수 있게 도와줄 수 있어요. 또 하나는 아이가 기관 등원 전에 다양한 체험 활동을 경험할 수 있도록 해 주어야 합니다. 이때 아이 혼자 하는 수업이나 체험보다는 애착 형성이 된 양육자가 함께 참여하면서 새로운 환경에 대한 거부감을 줄일 수 있도록 해야 합니다.

열매 단계 Solution

5살 이후의 아이들은 영아반 아이들보다는 훨씬 빠르게 적응해 가는 모습을 볼 수 있어요. 그런데 혹시 5살이 넘었는데도 불구하고 한 달이 넘도록 적응에 힘든 모습을 보인다면, 이는 발달과정에서 정상적으로 보일 수 있는 분리불안의 형태는 아니므로 주의깊게 관찰해야 합니다.

주양육자와 애착 형성이 안정적으로 이뤄졌는지, 기관을 너무 자주 옮겨 다닌 것은 아닌지 등을 점검해 보세요. 마찬가지로 아이의 경험이 부족한 상황이라면 지금이라도 아이가 편안한 마음으로 즐길 수 있고 가족들과 함께 참여할 수 있는 다양한 체험 활동이나 수업을 해 주세요.

민주 선생님 Tips

아무리 유아, 유치반 아이들이라도 "다른 친구들은 아무도 안 울지?"와 같이 비교하거나 새로운 환경에 적응하는 아이의 마음에 공감해 주지 않는 것은 불안감이나 압박감을 더욱 증폭시킬 수 있으므로 삼가는 것이 좋아요. 말이 통하는 아이들은 헤어지는 루틴을 만드는 것도 좋아요. "엄마가 헤어지기 전에 10번 안아주고 갈게."라고 하고 헤어지기 전에 아이를 꼭 안고 열을 세는 과정을 거친다면 아이는 엉엉 울고 소리는 지르겠지만, 사실은 열까지 세는 동안 마음의 준비를 한답니다.

적응기간에는 이렇게 도와주세요.

적응기간 양육자의 행동지침!

- 안정적인 적응을 위해서는 아이와 애착이 잘 형성되어 있는 성인이 적응에 참여하도록 해야 합니다.

- 점진적인 적응으로 아이에게 충분한 시간과 안정감을 줄 수 있어야 합니다.

- 절대로 아이가 한눈파는 사이에 가버리지 않도록 합니다. 헤어지기 전에는 반드시 아이가 울더라도 인사를 한 후 헤어지도록 하세요.

- 양육자는 낯설더라도 교사, 원장을 반갑고 편안하게 대하고 아이 앞에서 불안해하거나 눈물을 보이지 않아야 합니다.

- 적응 기간이 끝난 후에는 등원하는 과정에서 아이와 헤어지며 인사를 나누는 시간이 너무 길지 않아야 한다.

• 친구와 어울리지 못하는 아이

고민내용

저희 아이가 친구와 잘 어울리지 못하는 것 같아요. 혼자 노는 걸 좋아하는 건지 친구와 어울리기가 힘들어서 그런 건지 모르겠어요. 특별히 친구들과 갈등이 있거나 사이가 좋지 않은 것도 아닌데 혼자 놀이하는 시간이 더 많은 것 같아 걱정입니다.

민주 선생님's ✓Check point

- ☑ 양육자와의 애착 형성은 안정적으로 잘 이뤄졌나요?
- ☑ 영아기/유아기 사회성발달의 차이를 알고 있나요?
- ☑ 아이의 자존감을 높여 줄 수 있는 역할을 하고 있나요?
- ☑ 지나친 학습 과정으로 정서, 사회성발달을 방해하고 있는 것은 아닌가요?

해석

태어나 처음 관계를 맺는 양육자와의 애착 형성이 안정적으로 이뤄지지 않았다면 또 다른 사람과 관계를 맺는 과정에서도 어려움을 겪을 수 있으므로 사회성의 출발은 양육자와의 애착 형성에서 시작된다고 생각해야 합니다. 그리고 영아기에 혼자 놀이가 익숙한 아이와 유아기에 혼자 놀이가 익숙한 아이는 굉장히 다릅니다.

두 돌 전후가 되면 자아가 형성되면서 '나'에게 관심이 많고 내가 하고 싶은 것, 좋아하는 것, 싫어하는 것에 대한 주장도 강해지죠. 물론 떼쓰기가 나타나는 이유도 이 때문입니다. 아직 사회성발달이 완전하게 이뤄지지 않았으므로 혼자 놀이하는 것이 자연스러운 시기이기도 합니다. 이처럼 영아기에는 문제가 되지 않았지만, 어린이집을 다니고 유치원을 다니면서 점차 친구들과 어울려 놀아야 하고 다른 사람의 감정에도 적절하게 반응을 해야 하는 유아기 성장이 이뤄졌음에도 불구하고, 여전히 타인에 대한 관심도가 낮고 혼자 놀이를 지속한다면 양육자는 반드시 아이의 사회성발달을 도울 수 있는 역할을 해 주어야 합니다.

민주 선생님 Tips

정서 및 사회성이 발달하는 시기에는 선행학습을 강조하지 않아야 합니다. 특히 정서, 감정과 관련해서는 뇌의 변연계라는 부분이 발달하는데, 놀랍게도 만 4세 정도가 되면 완성 단계에 이른다고 합니다. 그리고 초등 시기가 되면 인지를 담당하는 부분의 뇌발달이 활발하게 이뤄지므로, 영유아기에 학습지, 학원 교육을 무리하게 시킬 경우 정서, 사회성발달을 저해할 수 있어 무리한 학습은 삼가는 것이 바람직합니다.

씨앗 단계 Solution

아직 타인과 관계 맺음은 발달상 어려운 단계입니다. 자기 자신에게 에너지가 집중되어 탐색하고 알아가는 때이므로 정서적으로 안정될 수 있도록 하고, 태어나 처음으로 관계를 맺는 양육자와의 애착 형성이 안정적으로 형성될 수 있도록 하여, 타인과의 관계에 긍정적인 경험을 할 수 있어야 합니다. 친구와 함께 놀지 않는다고 걱정하기보다는 아이가 표현하는 울음이나 옹알이에 적극적으로 반응하며 정서적 지원을 해 줄 수 있도록 해야 합니다.

새싹 단계 Solution

점차 또래에게 관심을 두기 시작하는 단계입니다. 하지만 여전히 자기 중심성이 강한 시기이므로, 함께 놀이하는 것처럼 보여도 서로 소통하며 놀이를 즐기기보다 같은 장난감을 활용해서 각자 놀이를 하고 있는 모습을 볼 수 있을 거예요. 그리고 아직은 혼자 놀이에 더 집중하는 아이들도 있을 수 있습니다. 이것이 사회성이 부족한 것이 아니므로 걱정하지 말고 자연스럽게 타인에게 관심을 가질 수 있도록 상호작용을 하도록 하고, 친구 관련 그림책도 활용해 보면 도움이 될 수 있어요.

열매 단계 Solution

열매 단계 시기에는 사회성발달이 집중적으로 이뤄질 수 있도록 도와야 합니다. 다만, 여러 명의 친구를 쉽게 넓게 사귀는 사람이 있는가 하면 소수의 친구지만 오래도록 깊이 사귀는 사람이 있듯 아이들도 마찬가지입니다. 많은 친구를 사귀지 않는다고 해서 사회성이 부족한 것은 아니므로 아이의 성향을 잘 파악해서 존중해 줄 수 있어야 합니다.

친구들과 어울리기를 힘들어하는 아이의 사회적 기술을 높여 주기 위해 양육자가 도와줄 수 있는 것은 먼저 소그룹(2~3명)의 친구와 정기적으로 놀이를 할 수 있는 시간을 만들어 주면 많은 도움이 될 수 있어요. 편안하고 익숙한 집단에서 관계 맺기가 훨씬 수월하기 때문에 아이와 함께 다니는 어린이집이나 유치원 또는 아파트 친구들과 자주 만날 수 있도록 해 주세요. 어렸을 때부터 소그룹으로 함께 놀이할 수 있는 경험을 자주 제공하면 친구를 사귀는 것이 두렵지 않고 혼자 노는 것보다 친구들이랑 함께 놀 때 더 재미를 느낄 수 있어요. 특히 아이가 주체가 될 수 있는 우리 집으로 초대해 준다면 더할 나위 없이 좋은 경험이 될 수 있습니다.

두 번째는 정서 지원을 통해 자존감을 높여 줄 수 있어야 합니다. 4~5살만 되더라도 친구들 사이에 인기 있는 친구가 있어요. 그 아이들의 특징을 잘 관찰해 보면 다른 친구들의 감정에 민감한 모습입니다. 친구가 울고 있을 때 먼저 "괜찮아?, 도와줄까? 속상해?" 하고 물어보거나, 친구가 갖고 싶어 할 때 "내가 하고 빌려 줄게."라고 이야기하는 등 어떤 놀이를 하더라도 "이거할 사람" 하며 주의를 집중시키며 주도하기도 하죠. 또한 놀이에 늦게 합류하더라도 "같이 놀까? 나도 같이 하고 싶어."라고 하면서 자기감정과 의사 표현뿐만 아니라 다른 사람에게도 관심이 많은 모습을 볼 수 있어요.

물론 기질적으로 좀 더 민감한 아이가 있고 무딘 아이가 있기는 하지만, 분명 이 아이의 양육자는 아기 때부터 정서적인 지원을 아낌없이 해 주었을 거예요. 그러므로 칭찬, 격려, 공감뿐만 아니라 허용 범위도 분명하게 인식할 수 있도록 하고, 그 안에서 충분한 선택권과 자율성을 주어 자존감을 높여 주어야 합니다.

아이들에게 조언하는 가장 좋은 방법은
아이들이 무엇을 원하는지 알아내어
그것을 하라고 조언하는 것임을 알게 되었다.

- 해리 트루먼 -

• 친구의 놀잇감을 뺏는 아이

고민내용

친구가 갖고 노는 장난감을 자주 뺏는 아이입니다. 뺏으면 안 된다고 늘 가르쳐 주고 어릴 때부터 간식이나 스티커 같은 것들도 친구들에게 나눠 함께 할 수 있도록 알려 주곤 했는데 아무 소용이 없는 것 같아요.

지나치게 장난감을 뺏는 아이의 행동 때문에 다른 친구들이 피해를 보고, 어린이집 선생님도 너무 힘들어하는 것 같아 신경이 쓰입니다. 어떻게 하면 뺏는 행동을 고칠 수 있을까요?

민주 선생님's ✔Check point

☑ 양육자는 영아기 발달 단계를 이해하고 있나요?

☑ 자기 장난감을 지키는 소유에 대해 충분히 가르쳐 주었나요?

☑ 아이의 언어가 늦은 것은 아닌가요?

☑ 친구와 함께 놀이하고 싶은 마음은 아닌가요?

해석

친구의 장난감을 뺏는 행동은 남에게 피해를 주는 행동이기 때문에 적절한 훈육이 이뤄져야 합니다. 다만, 발달 단계에서 36개월 이전의 아이들은(발달 개인차 있음) 아직 자기중심적인 성향이 강하기 때문에, 내가 물건을 뺏앗았을 때 상대방의 속상한 마음보다는 내가 지금 장난감이 갖고 싶은 마음이 최우선입니다.

보통 내 것을 다른 사람과 나눠 갖는 법, 양보하는 법을 가르칠 때 36개월 이전의 아이들에게는 내 것을 잘 지키는 방법을 먼저 알려 주세요. "내꺼야, 지금은 내가 하고 있으니까 나중에 빌려 줄게, 혼자 하고 싶어." 등 자기 것을 지키는 '소유'에 대한 개념을 먼저 알려 주면, 자연스럽게 다른 사람의 것은 함부로 뺏는 것이 아니라 '허락'을 받아야 함을 인지하게 됩니다. 즉, 내 것은 나눠 주고 양보하라고 하면서 다른 친구 것은 가져가면 안 된다고 한다면 아이는 굉장히 혼란스러울 수 있어요.

씨앗 단계 Solution

씨앗 단계까지는 여전히 발달적으로 구분하는 것은 어려운 단계입니다. 자기 것을 소중하게 지킬 수 있는 법, '소유'에 대해 먼저 알려 주어야 합니다. 그 대신 친구의 것을 뺏으려 할 때는 "저건 친구 거야. 뺏으면 안 돼."라고 이야기해 주세요. 친구의 물건을 뺏는 것도 인지발달, 사회성발달이 미숙하므로 자연스러운 모습일 수 있으므로 훈육은 이 정도로 충분합니다. 이 시기에는 아이의 행동수정을 하기보다는 양육 환경을 개선해 주는 것이 먼저입니다.

환경을 개선하는 Tip

민주 선생님 Tips

첫째, 아이 수준에서 할 수 있는 비언어적 표현을 반복적으로 알려 주기(몸짓언어)
언어표현이 어려우므로 양손을 모아 내밀거나 자신의 가슴 부분을 가리키며 "줘, 빌려줘.", "내꺼야."라고 알려 줍니다.
둘째, 같은 장난감을 아이들 수만큼 충분히 준비해 주기
갈등상황이 생겼을 때는 아이들끼리 속상해하거나 공격행동을 하기 전에 같은 장난감을 각각 제시하여 상황을 중단시킬 수 있어야 합니다.
셋째, 친구집에 방문하거나 친구가 놀러 올 때는 자신의 장난감을 챙겨가거나 챙겨오도록 하기
이 시기는 자기가 당장 가지고 놀지 않더라도 다른 사람이 자기 장난감을 가지고 놀면 빼앗아간 것으로 생각할 수 있으므로 친구 것을 심하게 뺏을 경우 장난감을 챙겨가서 놀이하며 서로 바꿔가며 노는 경험부터 시켜 주어야 합니다.

새싹 단계 Solution

여전히 자기중심적인 성향이 강한 시기이므로 양보를 너무 강조하지 말고 자기 것을 소중하게 여기고 친구가 뺏을 때도 "기다려줘, 이건 내 거야, 혼자 하고 싶어." 등의 표현법을 먼저 알려 주어야 친구의 장난감이 갖고 싶을 때도 "기다릴게, 다하고 빌려줘, 같이 하자." 하며 허락을 받아야 한다는 것을 마음으로 이해하고 표현할 수 있어요. 또한 하지 말아야 할 행동 알려 주는 것(친구 물건 빼앗지 않는 것)으로 끝이 아니라, 적절하게 표현하는 방법을 알려 주는 것으로 훈육을 마무리해야 합니다.

만약 같은 장난감을 제공했는데도 계속 뺏거나 한 친구의 장난감을 지속적으로 뺏는 행동을 보인다면, 친구에게 관심을 받고 싶은 관심 끌기, 함께 놀고 싶은 마음 표현이기 때문에 이 경우에도 적절한 표현법을 알려 주세요.

열매 단계 Solution

의사소통이 충분히 가능하고 인지발달 또한 이뤄지고 있는 단계이므로 이 상황에서 왜 친구의 장난감을 뺏으려 한 것인지? 뺏으면 친구의 마음이 어떨지? 이럴 때는 어떻게 표현해야 하는지?에 대해서 일방향으로 알려 주는 것보다 아이 스스로 생각해 볼 수 있도록 질문을 해 보세요.

점차 자기중심적인 사고에서 나아가 타인의 행동과 감정에도 관심을 가질 수 있도록 기회를 주어야 합니다. 또한 5세 이후의 아이라면 이제는 다른 사람의 것을 빼앗지 않는 행동을 하지 않는 것은 물론이고, 상황에 따라 양보할 줄도 알고 집단 내에서 어떻게 행동해야 다른 사람이 불편하지 않은지도 생각하면서 행동할 수 있어야 합니다.

민주 선생님 Tips 나누는 경험을 할 수 있도록 친구들에게 편지, 딱지, 간식 등을 나누도록 하고, 장난감을 빼앗지 않고 나눴을 때 기쁨이 훨씬 크다는 것을 직접 경험하게 해 주세요.

"아이에게 무엇이 결여됐는지" 를 보는 게 아니라
"아이에게 무엇이 있는지" 를 찾아내는 것이
부모의 역할이다"

- 대럴드 트레퍼트 -

• 리더십이 부족한 아이

고민내용

친구들과 노는 걸 보면 저희 아이는 리더십이 부족한 것 같아요. 친구가 하자는 대로 하거나 놀이 중 어떤 역할을 하고 싶을 때도 친구에게 허락을 받고 하려고 합니다. 특정 친구에게는 특히 더 그런 모습을 보이기도 하고, 그 친구가 하는 행동을 따라 하기도 합니다. 리더십이 있는 아이로 성장하면 좋겠는데 이럴 때 부모는 어떤 역할을 해 주어야 할까요?

민주 선생님's ✓Check point

- ☑ 양육자는 아이의 기질을 정확하게 파악하고 있나요?
- ☑ 아이의 모습이 양육자 본인의 성격과 비슷한 것은 아닌가요?
- ☑ 일상에서 주도성을 가질 수 있도록 기회를 주고 있나요?
- ☑ 친구를 모방하는 단계에 있는 것은 아닌가요?

해석

'아이의 사회성'이라고 하면 어떤 것을 떠올릴 수 있을까요? 아마 친구를 어떻게 사귀는지, 또래 집단에서 리더십을 가진 아이인지, 집단 내에서 어떤 역할을 하는지 이런 것들을 떠올릴 거예요. 그런데 모든 아이들이 리더십이 강하고 집단을 이끌어가는 역할을 하지는 않습니다. 또한 리더십이 강한 사람만이 능력 있는 사람이라고 판단하는 것은 아니에요. 사람은 누구나 타고나는 기질이 있고 또 살아가면서 형성되는 성격, 성향이라는 것이 있습니다. 어떤 사람은 나서기를 좋아하고 활동적인 것을 좋아하지만, 어떤 사람은 나서기보다 집단 내에서 자연스럽게 어울려 가는 것을 좋아하거나 조금은 물러서서 이끌어 주는 것에 따라가기를 좋아하는 사람도 있어요.

또 어떤 사람은 다수의 사람을 쉽고 넓게 사귀지만, 반면에 시간을 오래 두고 소수의 사람을 아주 깊이 사귀는 것을 좋아하는 사람도 있기 마련이죠.

부모님들이 가장 큰 실수를 하는 것이 내 아이의 기질을 존중하지 않고 속상한 마음에 "너도 이렇게 하면 되잖아, 다른 친구랑 놀면서 왜 친구 말만 들으려고 하는 거야, 자신 있게 말해야지!" 라며 답답해하거나 다그치면, 아이는 자기 자신에 대해 굉장히 절망하고 더 주눅 들고 자존감마저 떨어지게 되겠죠.

아이의 마음을 공감해 주고 '반드시 1등이 되어야 한다거나 반드시 친구들을 이끄는 대장이 되어야 하는 것은 아니다, 다른 사람의 이야기도 잘 들어주고 많이 속상해하는 친구들은 없는지 돌아봐주고, 또 더 약해보이는 친구에게 힘이 되어 주는 그런 사람이 정말 멋진 사람이다!'라고 이야기해 주세요.

성장하면서 형성될 수 있는 성격, 성향은 양육자의 양육환경이 중요하므로 아이가 주도성을 가질 수 있도록 기회를 제공해 주어야 합니다.

민주 선생님 Tips

씨앗 단계 Solution

씨앗 단계는 아직 타인에 관심을 두기는 어려울 수 있는 시기지만 발달이 빠른 아이 또는 기질적으로 사람을 좋아하는 아이라면 타인을 관찰하고 모방 행동하는 모습을 보일 수 있어요. 이때 아이의 관심에 집중해 주고 타인을 모방하는 행동에 대해 격려해 주세요.

사람을 많이 만나고 함께 어울리는 경험은 좋은 기회가 될 수 있어요. 자연스럽게 소그룹 활동을 할 수 있도록 해주되, 이 시기의 아이는 타인과 직접 상호작용을 하며 함께 놀이하는 것은 아직 어려울 수 있으므로 강요하지 않도록 해야 합니다. 오히려 자기 자신에게 에너지가 집중되는 시기이기 때문에 자신을 충분히 탐색할 수 있도록 기회를 주세요.

씨앗 단계는 아이들끼리 어울려 놀도록 두기보다는 되도록 양육자가 개입하여 타인과 관계 맺음에 대한 모델링이 되어 줄 수 있도록 하고, 아이의 모습을 잘 관찰하여 기질을 정확하게 파악해 가는 것도 이때 해야 할 일입니다.

민주 선생님 Tips

새싹 단계 Solution

모방 행동이 이전보다 훨씬 두드러지게 나타나는 시기입니다. 친구의 행동을 따라 하거나 양육자, 담임교사의 행동을 모방하는 것은 정상적인 발달 과정이므로 걱정하지 않아도 됩니다. 아이가 행동을 모방하여 놀이할 때 양육자는 아이의 행동에 따라 극놀이로 자연스럽게 연계시켜 주면, 놀이를 하면서 간접 경험을 통해 사회성발달을 도울 수 있어요.

더불어 사회성발달을 돕기 위해서는 자아가 형성되는 이 시기에 자신을 긍정적으로 인식할 수 있도록 해야 하고, 이때부터는 아이의 자존감을 높여 줄 수 있는 상호작용이나 양육환경에도 신경을 써야 합니다. 아이가 가장 먼저 관계를 맺는 사람이자 소속된 1차적 사회집단인 가족 내 양육자와의 관계에서 성공감을 느끼고 긍정적인 경험을 할 수 있어야만, 그 다음 집단인 또래 관계에서도 자신감을 갖고 유능한 집단의 일원이 될 수 있습니다.

열매 단계 Solution

이 시기에 본격적으로 친구 관계를 맺어가는 단계입니다. 모든 아이가 리더십을 가져야 하는 것은 아니지만, 또래 관계에서 주도성을 가지고 집단 내에서 꼭 필요한 역할을 할 수 있는 아이로 성장시키기 위해서는 먼저 아이의 자존감을 높여 줄 수 있어야 합니다. 일상에서 사소한 것이라도 아이에게 최대한 스스로 선택할 수 있도록 기회를 주고 그에 따른 책임을 지는 연습도 할 수 있도록 하여 주도성과 함께 책임감도 길러 주세요.

그리고 너무 많은 통제는 아이의 자율성을 낮추는 행동이 될 수 있으므로 건강과 안전에 대한 위험성이 없다면 최대한 자율성을 갖도록 하세요. 단, 자율성에도 지켜야 할 규칙이 따르므로 무조건 허용하는 것과는 반드시 구분되어야 합니다. 그리고 지금부터는 뭐든 완벽하게 양육자가 해 주기보다는 조금 서툴고 시간이 오래 걸리더라도 스스로 할 수 있는 독립심도 길러 주는 것이 필요합니다.

언어발달

- 말이 늦은 아이
- 울음으로 표현하는 아이
- 발음이 좋지 않은 아이
- 말 더듬는 아이
- 말대꾸하는 아이
- 거짓말하는 아이
- 존댓말이 어려운 아이

• 말이 늦은 아이

고민내용

또래에 비해 말이 많이 늦은 것 같아요. 옹알이는 일찍부터 잘 했는데 생각해 보니 어느 순간부터 옹알이도 별로 하지 않았던 것 같고 대부분 원하는 것이 있을 때 "응, 응." 소리 내며 손가락으로 표시만 합니다.

가끔 단어의 앞글자만 소리내기도 하지만 그렇게 할 수 있는 글자도 한정적이에요. 친구들은 벌써 문장으로 이야기하고 대화가 가능한 아이들도 많아 마음이 초조합니다. 언제까지 기다려야 할지, 언어치료를 받아야 할지 고민입니다.

민주 선생님's ✔Check point

- ☑ 양육자가 기질적으로 말수가 적은 것은 아닌가요?
- ☑ 양육자가 아이와 하는 의사소통 방식이 잘못된 것은 아닌가요?
- ☑ 양육자가 아이와 이야기할 때 말이 너무 빠른 것은 아닌가요?
- ☑ 아이가 표현하기 전에 모든 것을 해결해 준 것은 아닌가요?
- ☑ TV나 스마트폰 등 미디어를 자주 노출한 것은 아닌가요?
- ☑ 아이의 표현언어인 옹알이와 몸짓말(비언어적 표현)에 어떻게 반응해 왔나요?

해석

언어발달이 늦은 원인은 크게 유전적인 요인과 환경적인 요인 그리고 병리적인 요인으로 나눌 수 있습니다. 유전적인 요인이라면 말 그대로 양육자가 어렸을 때 말이 늦었을 경우로 아이도 그럴 수 있어요.

또한 병리적인 요인이라면 반드시 병원에 가서 치료를 받아야 합니다. 그리고 말이 늦는 아이의 대부분은 사실 환경적인 요인으로 양육환경이 원인인 경우가 가장 많아요. 생후 3~4개월이 되면 옹알이를 시작하고 생후 8개월쯤에는 옹알이가 절정에 이르고 생후 9~11개월쯤 되면 성인이 말하는 듯한 소리를 내게 됩니다. 그리고 엄마, 아빠, 빠빠, 까까 등 의미 있는 말을 시작하기도 합니다.

내 아이가 말이 좀 늦는 것 같다는 생각이 든다면 처음 옹알이를 시작할 때를 떠올려 보세요. 옹알이나 몸짓말로 아이가 원하는 것을 표현할 때 충분히 반응해 주었는지, 또는 포인팅이나 울음으로 표현하는 것에 양육자가 행동으로 뭐든 먼저 해소해 주어서 아이가 언어를 사용할 필요성을 느끼지 못한 것은 아닌지 생각해 보아야 합니다.

특히 미디어에 이른 시기부터 자주 노출되었다면 일방향적 소통이 이뤄지기 때문에 듣는 것에만 익숙해지고 시각적인 자극이 강하기 때문에 자발적으로 자기 생각을 말로 표현하는 것, 다른 사람과 소통하는 능력이 떨어져서 언어가 지연될 수밖에 없습니다.

씨앗 단계 Solution

자신의 의사를 언어적으로 정확하게 표현하기 어려운 단계이지만 옹알이를 충분히 할 수 있도록 자극해 주세요. 또한 정확한 단어를 말하지 않더라도 어떤 소리를 내어 표현한다면 적극적으로 반응해 주세요.

'어? 소리를 내서 표현했더니 울거나 몸짓으로 표현하는 것보다 훨씬 잘 알아듣는구나!'라는 것을 느끼고 점차 소리 내어 소통하는 것에 적극적인 태도가 될 수 있습니다.

생후 12개월이 되었는데도 옹알이를 전혀 하지 않거나, 두 돌이 지났는데도 간단한 지시를 따르는 수용언어가 어렵다면 정확한 진단을 받아보는 것이 좋습니다. 그러나 아직까지 표현언어는 어려울 수 있으므로 치료를 받아야 하는 단계는 아닙니다.

새싹 단계 Solution

정확하게 언어로 표현하는 것은 어렵지만 다른 사람의 말을 알아듣고 이해한 후 행동하는 수용언어가 가능하다면, 양육자의 언어촉진 활동을 통해 36개월까지는 기다려도 괜찮아요. 아이와 놀이하는 시간을 자주 가지되 양육자가 너무 놀이를 주도하는 것은 아닌지, 또는 혼자 잘 노는 아이라서 너무 방관한 것은 아닌지 되돌아 보세요. 언어 자극은 놀이 시간뿐만 아니라 식사 시간이나 수면 전 수면의식 시간 등 일상에서 대화를 통해 다양하게 이뤄질 수 있어요. 아이와 대화할 때 명령어를 사용하거나 아이가 단답형으로 답할 수 있는 폐쇄형 질문보다는, 아이의 흥미를 따르며 공감해 주고 쉬운 단어나 소리로 표현할 기회를 많이 제공해 주세요. 다만, 양육자가 아이에게 적절한 언어 촉진법으로 자극을 주는 것이 어렵다면 전문가의 도움을 받아 보도록 해야 합니다.

YouTube 채널 <이민주 육아상담소> ▶
집에서 양육자가 할 수 있는 언어 촉진법 및 양육환경 점검을 참고하세요.

열매 단계 Solution

생후 36개월이 지났지만 아직 자기 의사를 언어적으로 표현하는 것이 어렵다면 전문가의 정확한 진단 및 치료가 필요합니다. 성급하게 언어치료를 받으며 아이가 스트레스를 받고 양육자가 초조해하는 시간을 추천하진 않지만, 언어치료의 적절한 시기를 놓치지 않는 것도 매우 중요합니다. 생후 36개월을 기준으로 언어치료를 결정할 수 있도록 하고, 만약 치료를 받기 전에 약 2주일~1개월 간격으로 관찰했을 때 아이의 언어가 조금씩 느는 것이 관찰된다면 언어치료를 받지 않고 가정에서도 언어촉진을 이어갈 수 있도록 해 보세요.

아이마다 언어 폭발기는 차이가 있어서 조금 늦게 말이 트이더라도 1~2주일 사이에 무수히 많은 말들을 할 수 있게 되기도 합니다.

말 느린 아이, 가정에서 할 수 있는 언어 촉진법 (부모가 하지 말아야 할 사소한 실수 7가지)

생후 3년, 즉 36개월 이전의 아이는 언어 경험과 언어 자극이 아주 중요합니다. 이는 아이의 사회성이나 자존감에 영향을 줄 수 있기 때문입니다. 의사 소통이 원활하게 되는 아이들의 경우 자신의 의사표현 능력, 소통능력이 발달했기 때문에 어려움이 없지만, 언어가 늦은 아이들의 경우 자신의 의사 표현을 반복적으로 하는 데도 불구하고 잘 전달이 되지 않았던 경험이 쌓여 좌절감을 느끼고 스트레스를 받을 뿐만 아니라 이것이 반복되면 언어를 표현하려는 의지가 약해지게 되죠. 그러나 조급함은 금물입니다. 아이가 스트레스를 받고 언어에 대한 거부감이 생기게 되면 그땐 정말 힘들어진답니다. 이를 예방하기 위해 양육자가 사소하게 실수하는 부분들이 없는지 꼭 점검하세요.

A1. 아이의 언어를 사용하라!

말이 없는 양육자이기 때문에 아이에게 언어 자극이 이뤄지지 않은 것으로 생각할 수도 있을 거예요. 그리고 나는 아이에게 말을 많이 하는 부모이므로 해당 사항이 없다고 여길 수도 있어요. 또한 기질적으로 언어를 담당하는 뇌가 발달된 아이들은 성인의 말로 자극을 주더라도 온전히 받아들이고 수용합니다. 하지만 보통은 아이 수준에 맞춰 아이가 사용하는 언어로 자극을 주는 것은 아주 중요합니다. 아무리 엄마, 아빠가 서로 말을 많이 하고 소통을 많이 해서 언어 노출이 높다 하더라도 아이 수준의 언어로 직접적인 자극을 주지 않는다면 소용이 없으며 쉬운 단어, 의성어 · 의태어와 같이 재미있는 단어, 아이가 사용할 수 있는 수준의 단어를 자주 사용해서 자극을 주는 것이 필요합니다.

A2. 옹알이하는 시기를 놓치지 마라!

빠빠, 까까, 아빠, 띠띠때 등 옹알이를 시작하며 된발음으로 소리를 낼 때가 있어요. 그런데 "예전에는 소리도 많이 내고 따라 하고 했는데, 그 이후로 말을 하지 않아요."라고 하는 분들이 많아요. 아이가 옹알이하는 시기를 지나면 두 돌 전후로 언어 폭발기가 옵니다. 그때를 그냥 지나치면 언어 지연이 올 수 있으므로 의미 없는 소리에도 바로 반응해 주고 수용해 주면서, 아이가 어떤 의사 표현을 하는지 관심을 갖고 소통하는 것이 이 시기에 매우 중요한 일입니다.

A3. 그림책은 내용 전달이 아니라 그림으로 소통하라!

"말이 늦은 아이와 놀이할 때 그림책이나 노래를 활용하세요."라고 말씀드리면 "아이가 그림책을 읽어줘도 듣질 않아요, 집중하지 않아요."라고 하는 분들이 많아요. 이때는 그림책의 내용 전달은 하나도 중요하지 않습니다. 그림책을 활용하는 것은 일상에서 다 보여주지 못하는 아이의 흥미를 자극할 수 있는 동물, 자동차, 음식, 풍경 등 다양한 요소들이 들어 있기 때문에 추천하는 것이므로 아이의 흥미를 따라가며 소통하는 것이 가장 중요한 것이며 그림책의 글자를 읽어주고 아이가 집중해서 듣는 것은 전혀 중요하지 않다는 것을 반드시 기억하세요.

A4. 언어치료에만 의존하지 마라!

또래보다 말이 좀 늦으면 언어치료를 받는 경우가 많습니다. 언어치료를 받는 것은 부정적인 것이 절대 아니며, 시기적절한 치료는 아주 중요합니다. 그런데 언어치료는 아이가 받는 것으로 끝나는 것이 아니라 양육자게도 아이에게 어떤 식으로 대화하고 놀이하고 자극을 주어야 하는지를 배우는 계기가 될 수 있어야 합니다. 그것은 일주일에 1~2회 40분가량 진행되는 수업만으로 충분한 언어치료를 할 수 없기 때문입니다. 언어치료사가 아이와 어떤 식으로 어떻게 대화하며 자극을 주는지를 잘 관찰하고 모델링해서 일상에서도 아이와 애착 형성이 이루어진 양육자가 끊임없이 소통해 주는 것이 필요합니다.

A5. 아이가 표현할 수 있는 간단한 언어, 제스처를 교육하라!

아이가 비언어적으로 표현하는 것에 대해 양육자가 모든 것을 즉각적으로 해결해 주는 것은 언어발달에 도움이 되지 않아요. 아이는 손가락으로 가리키기만 하고 표정으로 필요한 것을 나타내기만 하면, 다 해결되는데 굳이 말의 필요성을 느낄 수가 없습니다. 이 부분은 정말 중요한 사항이에요. 아이가 소리를 내어 말해야 할 필요성을 느끼도록 해야 합니다. 그런데 아직 말을 하지 못하는 아이인데 "말로 표현해봐! 말로 하면 엄마가 해줄게." 이렇게 접근을 한다면, 아이는 할 줄 아는 말이 없으므로 너무 막막하고 어렵겠죠. 완벽한 단어와 문장을 요구하기 전에 아이가 표현할 수 있는 아주 간단한 언어를 알려 줘야 합니다. 손을 모으며 "주세요."라고 표현할 수 있도록 가르치고, 물이 더 먹고 싶을 때는 "더 주세요. 또 주세요."를 수준에 따라 "암, 맘." 등 쉬운 언어를 반복적으로 알려 준 후 아이가 표현할 수 있도록 해야겠죠. 또한 아이가 문을 열고 싶어 할 때 "뭐 해달라고? 말로 해봐."라고 하는 것은 너무 어려울 수 있으므로 '똑똑' 처럼 쉬운 단어로 접근하면서 "문 열고 싶을 때는 '똑똑' 하면 엄마가 문 열어줄게." 하며 문을 열고 들어 갔다 나왔다를 반복하여 "똑똑" 엄마가 말을 하는 동시에 '똑똑' 두드리는 제스처도 함께 반복해 주는 것입니다.

A6. 너무 많은 단어보다는 아이가 아는 단어 위주로 노출하자!

양육자가 말을 많이 하는데도 불구하고 아이가 말이 늦은 경우에는 유전적인 것을 제외하고는 대부분이 너무 어려운 단어들, 성인이 사용하는 단어를 그대로 노출하기 때문에 아이가 시도하지 않을 수 있어요. 너무 많은 단어보다는 아이가 평소 잘 알고 일상에서 사용할 수 있는 단어 위주로 반복적으로 알려 주는 것이 좋습니다. 예를 들어 빠빠, 빠방, 뽀뽀, 물, 앗 뜨거워, 까꿍, 이거, 저거, 주세요, 멍멍, 야옹 등등 쉬운 단어, 아는 단어, 간단하고 일상적인 단어가 적절합니다.

A7. 36개월 전후에도 말이 트이지 않으면 뇌의 언어중추이상, 인지발달이 상 여부를 확인하라!

귀로 들은 소리를 언어로 받아들이고 다시 산출하도록 하는 뇌의 언어중추가 제대로 발달하지 않으면 언어발달 장애의 원인이 될 수 있습니다. 36개월까지 말이 트이지 않았다고 다 문제가 되는 것은 아니지만, 혹시 모르기 때문에 36개월이 지난 아이라면 정확하게 확인해 볼 것을 추천합니다. 말 늦은 아이를 그대로 방치하게 된다면 언어뿐만 아니라 정서발달, 사회성 문제, 학습장애까지 초래할 수 있으므로 적절한 시기를 놓치지 않도록 해야 합니다.

울음으로 표현하는 아이

고민내용

아이가 작은 일에도 울음을 보이고 원하는 것이 있거나 기분이 좋지 않을 때는 더 짜증 섞인 울음을 보입니다. 울지 말고 이야기하라고 몇 번 반복해서 알려 주고 혼내거나 무시도 해 봤는데, 좀처럼 나아지지 않아요. 어린이집에서는 친구와 놀다가도 마음에 들지 않는 뭔가가 있으면 눈물을 보인다고 합니다. 선생님이 몇 번 이유를 물어보고 다독이면 이유를 표현하긴 하는데 스스로 조절이 되진 않는 것 같아요. 어떻게 해야 울음이 아닌 말로 표현하도록 할 수 있을까요?

민주 선생님's ✓Check point

- ☑ 아이가 울음으로 표현할 때마다 문제를 해결해 준 것은 아닌가요?
- ☑ 울음으로 표현해야만 긍정적이거나, 부정적인 관심을 보인 것은 아닌가요?
- ☑ 말이 늦어 울음으로 표현할 경우, 언어적으로 표현할 수 있도록 알려 주었나요?
- ☑ 애착 형성 시기, 안정애착 형성을 하였나요?
- ☑ 양육에 참여하는 조부모 등 양육자 간 양육 태도가 너무 다른 것은 아닌가요?

해석

아이가 태어나면서 할 수 있는 자기 표현법이 바로 울음입니다. 점차 비언어적 소통이나 언어적 소통을 배워가며 더 쉽게 자기표현을 할 수 있는 방법들을 사용하게 되죠. 그래서 비교적 말이 늦은 아이일수록 울음이나 짜증으로 표현하는 경우가 많습니다. 말이 늦어 자기 표현법에 한계가 있어 울음으로 표현했을 때 훨씬 더 빨리 해결된다고 잘못 인식할 수 있어요. 또한 울음으로 표현하지 않으면 양육자는 아이가 원하는 반응을 해 주지 않고, 집중하지 않았던 경험이 반복되었거나 아이가 울 때 모든 문제를 해결해 주는 양육환경이었다면, 언어적 표현이 가능하더라도 울음이 최고의 방법이라고 여길 수 있습니다. 결국 울음은 문제를 회피하고 원하는 것을 얻는 수단으로 습관화될 수 있습니다.

민주 선생님 Tips
아이를 돌봐주는 조부모가 있다면 아이를 대할 때 양육 태도는 일관되게 유지해야 울음으로 표현하는 아이의 행동을 수정해 가는데 도움이 될 수 있어요.

씨앗 단계 Solution

씨앗 단계는 아직 애착 형성의 시기로 혹시 불안정애착이나 분리불안의 표현이 아닌지 점검해 보아야 합니다. 최소 24개월 전까지 아이가 분리불안의 모습을 보인다면 안정애착 형성을 위해 주양육자는 아이의 감정을 그대로 수용해 주고 애착 형성할 수 있도록 해야 합니다.

또한 언어적 표현이 어렵기 때문에 울음으로 표현할 수 있어요. 이럴 때는 아이의 감정은 수용하되, 아이가 할 수 있는 아주 쉬운 단어와 비언어적 표현법을 반복적으로 알려 주어야 합니다. 그리고 아이의 표현에는 민감하게 반응해 주어 울음보다 쉽게 자기 의사 표현을 할 수 있음을 알게 해 주세요.

민주 선생님 Tips
아이가 표현하는 언어, 비언어적 표현에 무감각하거나, 아이가 주도적으로 표현하지 않아도 문제를 모두 해결해 준다면, 결국 아이는 울음이 최선의 표현법이라고 여기게 되고 언어가 더 늦어질 수 있으므로 주의해야 합니다.

새싹 단계 Solution

언어로 자신의 의사 표현이 서툴기 때문에 씨앗 단계와 마찬가지로 아이 개인의 수준에 맞는 쉬운 언어표현 또는 비언어적 표현(몸짓말)을 알려 주고 민감하게 반응해 주세요. 예를 들어, 물 먹고 싶을 때 아이가 '물 주세요'라는 말이 어렵다면 '주세요'라는 몸짓언어인 제스처를 가르쳐 주고, '암, 아, 무' 등 아이 언어 수준에 맞춰 표현법을 알려 줍니다. 아이가 울음이 아니라 조금이라도 비슷하게 언어와 제스처를 표현했다면 곧바로 물을 제공하고, "울지 않고 이야기해 주니 엄마가 훨씬 빨리 물을 줄 수 있지."라고 칭찬하며 빠르게 반응해 줍니다.

또한 두 돌을 기준으로 자아가 형성되는 시기이기 때문에 떼쓰는 상황이 자주 발생할 수 있어요. 혹시 떼를 쓰는 울음이라면 적절한 훈육법으로 훈육을 해야 합니다. 스스로 울음을 그치도록 강요하면 아마도 울음의 강도가 더 강해질 수 있을 거예요. 아이와 실랑이 하는 이런 상황이 힘들어 회피하려고 훈육하지 않거나 양육자가 문제를 해결해 주게 되면 점점 악순환의 반복이 되겠죠. 울음으로는 아무것도 해결할 수 없음을 알게 해 주세요.

열매 단계 Solution

열매 단계는 애착 형성의 시기도 지나고 언어가 발달하여 의사소통도 충분히 가능한데 울음으로 표현한다면 이전의 경험이 습관화되었을 수 있어요. 울음으로 표현하지 않도록 기회를 주어 스스로 자신의 감정을 조절할 수 있는 능력을 키워 주어야 합니다. 아이가 늘 울음으로 표현한다면 양육자의 마음도 지치고 힘들 수 있겠지만 아이와 같이 감정섞인 짜증을 내거나 윽박지르는 것은 아이의 행동수정에 전혀 도움이 되지 않기 때문에 주의해야 합니다.

아이가 울음으로 표현할 때에는 "울지 않고 이야기하면 좋겠어. 기다려 줄 테니 울음을 그치고 얘기하자."라고 짧게 전달하고 울음을 그칠 때까지 기다려 줍니다. 울음을 그치면 곧바로 칭찬해 주고 아이의 마음에 공감해 주며 울지 않고 이야기할 때 훨씬 의사전달도 잘되고 양육자의 마음도 기쁘다는 것을 알게 해 주세요.

출산할 때 힘들었던 고통은
태어난 아기의 얼굴을 보고 처음 안아보는 순간
잊어버렸어요.

육아하며 고되고 힘들었던 하루,
곤히 자는 아이의 얼굴을 보고
오늘 하루 내게 지어준 미소가 담긴 사진을 보며
잊어버립니다.

- 이민주 육아연구소 -

• 발음이 좋지 않은 아이

고민내용

저희 아이는 말이 늦은 건 아니었고 옹알이도 활발하게 했던 것 같아요. 옹알이 후에 단어를 말하고 문장을 말하기 시작한 지 꽤 됐지만, 5살이 된 아직까지도 발음이 좋지 않아요.

처음에는 아직 어려서 그런가 보다 했지만 5살이 되어 대화도 충분히 되고 친구들과도 잘 노는데, 발음이 좋지 않아서 혹시 놀림을 받을까 걱정이 되네요. 그래서 아이가 말할 때 자꾸 지적하게 되는데 발음이 잘 안 되는 단어를 일부러 피하려고 하는 것 같아요. 계속 기다려주면 발음이 좋아질까요?

민주 선생님's ✓Check point

- ☑ 아이가 어려워하는 발음을 정확하게 관찰해 보았나요?
- ☑ 양육자의 말의 속도가 너무 빠른 것은 아닌가요?
- ☑ 평소 양육자의 발음이 부정확한 것은 아닌가요?
- ☑ 조음장애의 가능성이 있는 것은 아닌가요?

해석

보통 ㄱ, ㅅ, ㄹ 발음을 어려워하는 경우가 많은데 우선 특정 발음이 좋지 않은 것인지 아니면 전체적으로 어눌하게 들리는 것인지 관찰해 보아야 합니다.

특정 발음이 좋지 않다면 연령에 따라 아직은 어려운 발음들이 있을 수 있어요. 그리고 전체적으로 발음이 어눌하다면 대부분 받침 발음이 안 될 경우인데 그럴 수 있답니다.

발음이 좋지 않다고 "한 번 더 따라 해 봐, 물고기."라고 하며 교정을 해 주다 보면, 발음이 어려운 단어를 이야기하지 않거나 말 수 자체가 줄어들 수 있어요.

이런 상황을 아이에게 오히려 역효과가 날 수 있고, 거부감이 생겨서 쉽게 말할 수 있는 단어조차도 하지 않게 되는 경우가 많아요. 다만, 만 6세가 되었음에도 발음이 좋지 않은 경우에는 조음장애 가능성이 있을 수 있으므로 전문가의 정확한 진단과 치료가 필요합니다.

민주 선생님 Tips

조음장애는 안면 구강의 기형이라면 정확한 검사를 통해 병원적 치료를 해야 하고 혀의 운동이 덜 발달하여 혀를 사용하여 정확하게 발음하는 것이 어렵다면 언어치료를 받는 것이 적절합니다.

씨앗 단계 Solution

씨앗 단계의 아이들은 아직 표현언어가 어려울 수 있으므로 발음이 좋지 않은 것은 전혀 문제가 되지 않습니다. 혹시 아이가 말할 수 있는 단어들이 있을 때 발음이 좋지 않더라도 걱정하지 말고 아이와 이야기할 때는 양육자도 천천히 정확하게 발음하고, 전달하는 자세로 좋은 모델링이 되어 주세요.

양육자의 말이 빠르고 발음이 좋지 않을 때 아이의 발음이 좋지 않을 가능성이 크므로 양육자도 평소 발음을 흘리지 않고 정확하게 되도록 천천히 소리 내어 주는 것이 필요합니다.

또한 아이가 관심을 보이는 소리, 발음은 양육자의 입술을 쳐다보며 관찰할 거예요. 이럴 때는 아이에게 입모양을 보여주면서 몇 번 반복해서 소리를 들려 주세요.

새싹 단계 Solution

새싹 단계는 이제 문장을 말하기 시작하며 자기표현을 하는 단계죠. 이 시기를 '언어 폭발기'라고 하는데, 이때 아이의 발음이 좋지 않다고 해서 지적을 한다면 이제 막 자기 의사 표현과 타인과의 소통에 흥미를 느끼는 아이에게 언어는 굉장히 어려운 것이라는 인식을 줄 수 있어요. 그러면 결국 언어 사용보다 울음이나 표정, 손으로 가리키는 등 비언어적 행동으로만 표현하게 되므로, 이 시기에는 발음에 대한 직접적인 지적은 삼가는 것이 좋습니다. 다만, 발음이 좋지 않을 때 아이가 "물도디"라고 하면 "그렇지, 물고기가 있네!"라고 아이에게 입 모양을 보여 주며 정확한 발음으로 천천히 한 번 더 말해 줌으로써 아이가 정확한 소리를 인지할 수 있도록 해 주세요. 그리고 발음보다는 언어적 소통에 대한 긍정적인 인식을 할 수 있도록 도와주세요.

 열매 단계 Solution

5살 이상의 아이라면 놀이처럼 녹음해서 아이가 자기의 소리를 스스로 들어 볼 수 있도록 하는 것도 도움이 될 수 있어요. 노래를 부르거나 그림책 읽는 것을 녹음해서 들려 주며 자기가 좀 더 정확하게 발음할 수 있도록 해 주세요. 이때 된발음, 의성어, 의태어 등의 재미있는 발음에 자주 노출되도록 하는 것이 좋습니다. 또한, 잘 안 되는 발음은 양육자가 집에서 좀 더 쉽고 정확하게 발음할 수 있게 훈련시켜 주세요. 예를 들어, '빨리해 줘.'라는 말의 발음이 정확하지 않은 아이들은 보통 '빠이해 줘.'라고 하는 경우가 많은데 이때 중간 소리 [알]을 넣어 [빠알리]를 천천히 연습시켜 혀 사용법을 터득할 수 있도록 해 주면 좋습니다. 다만, 아이가 수치스러워하며 거부하거나 시간이 지나도 나아지지 않아 스트레스를 받는다면 전문가의 도움을 받아 진행할 것을 추천합니다.

우리가 부모가 됐을 때
비로소 부모가 베푸는
사랑의 고마움이 어떤 것인지
절실히 깨달을 수 있다.

- 헨리워드비처 -

• 말 더듬는 아이

고민내용

아이가 6살인데 언제부턴가 말을 더듬기 시작했어요. 특히 말을 시작하는 문장의 첫 글자를 많이 더듬어요. 왜 갑자기 말을 더듬는지 이유를 알 수 없어서 더듬지 말고 천천히 말하라고 이야기하긴 하지만, 계속 이야기하면 아이도 스트레스를 받을 것 같고, 또 몇몇 친구들이 저희 아이의 말 더듬는 것을 따라 하는 것을 몇 번 보았어요. 너무 속상하고 걱정이 됩니다.

민주 선생님's ✓Check point

- ☑ 말 더듬는 것을 지적한 것은 아닌가요?
- ☑ 아이 주변에 말 더듬는 사람이 있는 것은 아닌가요?
- ☑ 최근 스트레스 받는 사건이 있지 않았나요?
- ☑ 아이가 말할 때 재촉하거나 다른 행동을 하며 듣는 태도를 보인 것은 아닌가요?

해석

이전에 말 더듬는 모습을 보이지 않다가 갑자기 더듬는다면 첫 번째, 최근 스트레스 받는 것이 있지 않은지 살펴야 하고 두 번째, 아이 주변에 말 더듬는 성인이나 친구가 있지 않은지 살펴보아야 합니다. 아이들은 주변에서 보이는 새로운 모습들에 생각보다 예민하게 관찰하고 반응할 수 있으므로 모방 행동을 의심해 보세요. 반면, 갑자기 보이는 것이 아니라 말을 하기 시작하면서부터 말 더듬는 모습을 보였다면 양육환경, 양육자와의 의사소통 방식을 체크해 보아야 합니다. 양육자의 말이 빠른 경우 아이가 말을 더듬을 수 있고, 말이 아니더라도 양육자의 성격이 급해서 "빨리 말해. 엄마 바빠, 그래서 그래서?"와 같이 자신도 모르게 매사 아이에게 '빨리 빨리'가 일상이 되면, 아직 언어가 미숙한 아이가 말할 때 굉장히 마음이 급해질 수 있어요. 또한 말을 재촉하지 않더라도 계속해서 무언가 행동을 하면서 아이의 말에 눈 맞추지 않고 귀로만 듣고 있다면, 아이가 말할 때 마음이 불안해서 말 더듬는 모습을 보일 수 있는데 이것이 습관이 될 수 있습니다.

씨앗 단계 Solution

언어가 미숙한 시기이기 때문에 말을 더듬는다고 판단하긴 어렵고 할 수 있는 말들을 반복해서 소리 내는 모습을 볼 수 있을 거예요. "따따따, 맘마마마마, 아바바바" 또는 알아들을 수 없는 외계어를 계속해서 할 수 있습니다. 이것도 아이에게는 충분히 의미 있는 말이기 때문에 아이가 소리를 내어 말을 했을 때는 눈을 맞추고 적절한 반응을 해 주어야 합니다.

새싹 단계 Solution

아직 인지발달이나 언어발달이 미숙한 단계입니다. 하고 싶은 말들이 많은데 머릿속으로 빨리 정리가 되지 않아서 말을 더듬을 수 있죠. 아이가 말을 더듬으면 지적하기보다는 양육자의 환경, 의사소통 방식에 변화를 준다면 자연스럽게 수정될 수 있습니다. 혹시 말을 더듬을 때 지적하거나 과한 리액션을 보일 경우에 아이가 관심을 끌기 위해 더듬는 행동을 더 강화할 수 있으므로 지적해서 고쳐 주는 것은 여러모로 부정적인 결과를 초래할 수 있습니다. 만약 다른 사람의 모방 행동이라면 "말을 더듬는 모습은 멋진 모습은 아니야. 말을 더듬지 않아야 ○○의 마음을 잘 전달할 수 있어."라고 알려 주고 말 더듬을 때는 크게 반응하지 말고 더듬지 않고 말할 때 칭찬을 해 주세요.

열매 단계 Solution

보통 충분히 의사소통이 가능한 5~6살 시기에 말을 더듬는 경우가 많습니다. 아이가 말을 더듬을 때는 스트레스가 있지 않은지, 말 더듬는 것을 지적하지 않았는지, 모방 행동은 아닌지 기본적으로 점검해 보세요.

특히 말 더듬는 것에 대해 지적을 당하게 되면 자존감이 상실되기 때문에 훨씬 더 증상이 악화될 수 있어요. 그다음으로 양육자는 아이와 소통할 때 되도록 천천히 정확하게 발음할 것, 즉 아이와 대화할 때는 당장이라도 자리를 뜨거나 어떤 일을 처리할 것처럼 불안감을 주지 말고, 눈을 맞추고 '충분히 천천히 이야기해도 너에게 집중해서 들어줄 수 있어!'라는 메시지를 줄 수 있도록 해야 합니다. 아이와 대화할 때 아이의 눈을 보고 온전히 집중하지 않고 집안일이나 휴대전화 등등 다른 일을 하면서 대답만 해 주는 경우, 아이가 자신에게 관심을 끌기 위해 머릿속으로 정리되지 않은 말들을 급하게 표현하다 보면 말더듬이가 될 수 있습니다. 이것만 잘 지킨다면 말 더듬는 현상은 대부분 자연스럽게 사라질 수 있습니다.

"선생님, 오늘 엄마가 나한테 막 소리를 질렀어요."
"엄마가 왜 소리를 질렀을까?"
"몰라요."

훈육을 잘못하면
아이의 머릿속에는
엄마가 하고자 했던 말보다
소리 지르며 화난 모습만 남습니다.

- 이민주 육아연구소 -

말대꾸하는 아이

고민내용

아이가 어떤 것을 잘못했을 때 알려 주려고 하면 특히 예민하게 반응하고 말대꾸를 하기 시작했어요. 이전에는 속상하면 울거나 잘못을 수긍하는 모습을 보였는데, 점점 자기 할 말을 계속해서 하고 훈육하는 것은 들으려고 하지 않습니다.

그냥 자기 생각을 말하면 혼내지 않을 텐데 악을 쓰고 소리를 지르면서 얘기하거나 좋지 않은 말투를 사용하여 결국 말하는 것 때문에 더 혼내게 되고 저도 기분이 나빠질 때가 많아요. 어떻게 해야 말대꾸를 하지 않도록 잘 알려 주고 고쳐나갈 수 있을까요?

민주 선생님's ✓Check point

☑ 양육자가 아이와 대화할 때 감정적으로 하지는 않았나요?

☑ 아이가 느끼는 감정을 적절하게 표현할 수 있도록 알려 주었나요?

☑ 아이가 말대꾸가 아닌 자신의 의사를 표현한 것은 아닌가요?

해석

자아가 형성되고 언어가 발달하면서 점차 자기 의사 표현을 하게 됩니다. 그러나 정서 및 인지발달이 미숙하므로 자신이 느끼는 여러 가지 감정을 이해하는 것이 어렵고, 옳은 행동이나 대화법에 관한 판단도 어렵습니다.

아이와 대화할 때 '말대꾸'라고 느끼는 양육자는 아이의 행동으로 인해 감정이 상할 수 있지만, 아이는 자기가 느끼는 부정적인 감정을 언어로 표현하는 과정이라고 할 수 있어요.

그래서 말대꾸하면 안 된다고 알려 준다면 아이는 자기의 감정을 표현하는 것에 제지당한다고 느끼므로 혼란스럽고, 또한 적절한 방법을 모르기 때문에 이후에도 똑같은 행동을 반복하게 될 거예요.

옛날에는 어른이 말하는 것에 대해 말대꾸를 하면 무조건 버릇없는 아이라고 가르쳤지만, 지금은 자신의 감정이나 의사를 얼마나 잘 표현하느냐, 소통이 너무나 중요한 세상이 되었죠. 그런데 말대꾸하지 말라고 가르치는 것은 모순이 될 수 있고, 부정적인 자신의 감정을 억누르며 "예쁘게 말해야지, 예의 바르게 말해야지, 말대꾸하면 안 되지."라고만 알려 주는 것은 바람직하지 않습니다.

양육자의 힘으로 아이의 감정을 억압하지 말고 좀 더 성숙한 부모가 되어 부정적인 감정도 존중받고 잘 표현해 낼 수 있도록 가르쳐 주세요. 그 대신 아이가 느끼는 부정적 감정을 표현하더라도 올바른 표현법이 있고, 타인의 감정도 존중할 수 있어야 한다는 것을 알려주어야 합니다.

씨앗 단계 Solution

아직은 언어로 자기표현을 하지 못하는 단계이기 때문에 말대꾸는 하지 않겠지만, 부정적인 감정을 느낄 때 울음으로 표현하거나, 짜증을 낸다거나, 좀 더 자아가 형성되어 가면서 양육자의 말에 소리를 지르거나 물건을 던지는 등의 반응을 할 수 있어요.

이렇게 부정적인 감정을 비언어적으로 표현하다가 언어적 표현이 가능하게 되면 말대꾸를 하게 되죠. 이때부터는 아이의 부정적인 감정에 대해 언어적으로 정리해 주어 언어가 발달하게 되었을 때 "화가 나요! 속상해요! 기분 나빠요!" 스스로의 감정을 언어로 표현할 수 있게 해 주세요.

그러기 위해서는 아이가 울고, 짜증 내고, 소리 지르고, 던지는 행동에 대해 훈육하기 보다는 오히려 올바른 감정 표현법을 반복해서 알려 주어야 합니다.

새싹 단계 Solution

이제 말을 하기 시작하는 단계로 양육자가 훈육하는 상황이 되면 충분히 말대꾸를 시작할 수 있어요. 더욱이 이 시기는 자아가 형성되고 정서발달도 이뤄지며 이전에는 느끼지 못하던 다양한 감정을 느끼고 표현하게 됩니다. 하지만 옳고 그름의 판단은 어려운 시기이므로 양육자의 입장에서 보면 아이가 억지를 부리고 떼를 쓰는 것으로 받아들여질 수 있어요. 그러므로 아이가 느끼는 부정적인 감정이나 자기 의사 표현에 대해서는 부정적 언어표현이 아니라, 느끼는 사실 그대로 전달할 수 있도록 가르쳐 줘야 합니다. "너 지금 화가 났구나? 기분이 좋지 않구나?" 등 언어로 정확하게 알려 주어 아이가 "아~ 이게 화가 나고, 기분이 나쁜 감정이구나."를 알 수 있도록 합니다.

또한 손위 형제나 양육자의 행동을 모방하는 것은 아닌지 점검하고 양육자의 행동수정도 필요합니다.

민주 선생님 Tips

"소리지르고 화내면 안 돼!, 말대꾸하면 안 돼!"와 같은 표현보다는 "화가 많이 났어? 소리지르고 화내지 말고, 화가 났어요! 기분 나빠요! 하고 이야기해도 엄마가 충분히 들어 줄 수 있어."라고 표현하도록 알려 주세요.

열매 단계 Solution

언어 및 인지발달이 이뤄지며 말대꾸를 가장 두드러지게 하는 시기입니다. 아이가 이전보다 훨씬 말대답을 많이 하거나 말꼬리에 꼬리를 물다 보면 결국 양육자도 감정적으로 대응하게 되고 지치고 스트레스를 받게 되죠. 이럴 때 의미 없는 대화를 이어 가며 아이와 실랑이 하기 보다는 대화를 중단하고 양육자도 감정정리가 필요합니다.

그리고 그냥 상황을 회피하거나 아이의 말을 무시하는 것이 아니라 왜 대화를 중단하는지에 대해 설명하고 본인의 언어표현이 다른 사람의 감정을 상하게 할 수 있음을 알려 주세요. 부정적으로 표현하는 말대꾸가 적절하지 않다는 것을 알면서도 아직은 감정을 조절하는 것이 미흡하기 때문에 씨앗, 새싹 단계의 솔루션대로 충분히 훈육하였다면 이제는 스스로 감정을 조절하고 통제할 기회를 주는 것도 좋습니다.

모든 어린이는 예술가다,
어른이 되어서도
그 예술성을 어떻게 지키느냐가 관건이다,

- 파블로 피카소 -

• 거짓말하는 아이

고민내용

아이가 4세인데 얼마 전부터 거짓말을 해서 걱정이 됩니다. 어린이집에서 낮잠을 잤냐고 물어보면 잠을 자지 않았는데 잤다고 하고 선생님께도 집에서 하지 않았던 것을 한 것처럼 이야기할 때가 종종 있더라고요. 걱정되는 것은 아주 구체적으로 '아빠는 비행기를 타고 출장 가고, 엄마랑 할머니랑 버스를 타고 바다도 가고, 호텔에 가서 맛있는 것을 먹고 자고 왔다'라는 식으로 이야기를 했다는데, 아빠가 출장을 가지도 않았고 할머니와 여행을 가지도 않았거든요. 아직 어리기 때문에 거짓말이 괜찮은 것인지 어떻게 반응을 보여야 할지 모르겠어요.

민주 선생님's ✔Check point

- ☑ 아이의 연령과 발달을 고려하였나요?
- ☑ 아이에게 꾸며낸 이야기들을 자주 했던 경험이 있나요?

해석

아이의 거짓말은 어른들의 생각처럼 거짓말을 하려는 의도가 담겨 있지 않은 경우가 많습니다. 특히 인지발달이 미숙하므로 자신이 경험한 것과 상상한 것, 타인에게 들었던 것과 하고 싶은 것에 대한 구분이 명확하지 않아요. 의도하지 않았지만 아이 입장에서는 상상했던 것들을 마치 실제로 경험했던 것처럼 느끼고 이야기할 수 있는 시기입니다.

그러나 아이의 인지발달이 충분히 이뤄진 후에도 의도를 가지고 하는 거짓말에 대해서는 다른 사람의 감정을 상하게 할 수 있고 오해를 하거나 피해를 줄 수 있으므로 좋지 않은 것이라고 명확하게 설명해 주어야 합니다.

씨앗 단계 Solution

씨앗 단계는 언어적 표현이 미숙하므로 거짓말하는 시기에 해당되지 않겠지만 아이의 발달 단계를 미리 알아 두면 좋습니다. 단계가 점점 발달함에 따라 현실이 아닌 상상하는 일들을 놀이로 표현할 수 있고, 그 과정에서 의도하지 않은 거짓말을 할 수도 있습니다.

새싹 단계 Solution

자신의 경험이나 그림책을 통해 들었던 이야기, 영상으로 보았던 내용 또는 엄마, 아빠가 하는 이야기를 듣고 마치 자신이 겪은 일인 것처럼 느낄 수 있어요. 이 시기 가장 두드러지게 나타나는 행동일 수 있습니다. 거짓말을 하려는 의도는 없지만 하지 않았던 것을 했다고 하거나 하고 싶은 것을 했다고 하는 등 현실과 바라는 것, 상상의 구분이 어려운 시기입니다. 그럴 때는 "~하고 싶었어? ~ 상상했구나!" "엄마, 아빠가 했던 이야기가 생각나서 그렇게 이야기했구나."처럼 현실과 상상해서 이야기한 내용을 구분 지어 주는 정도로 충분합니다.

열매 단계 Solution

언어적 소통이 충분히 가능하더라도 인지발달이 미숙할 수 있기 때문에 새싹 단계와 마찬가지로 대처해 주세요. 하지만 이 시기는 의도를 가지고 거짓말을 할 수도 있습니다. 다만, 거짓말이 나쁘다는 것을 완전히 인지하지 못할 수가 있어요. 예를 들어, 친구가 어떤 물건을 가지고 있을 때 부러운 마음에 "우리 집에도 그거 있어."라고 거짓말을 할 수 있어요. 이때 양육자는 거짓말한 것을 훈육하기 전에 거짓말한 의도를 먼저 알고 공감해 주어야 합니다. 그리고 "갖고 싶었어? 네 마음은 충분히 알지만 그래도 거짓말하는 것은 멋진 모습은 아니야."라고 알려 주세요. 아이의 마음을 먼저 공감하지 않고 행동 수정에만 초점을 둔다면 부러운 마음이 든 마음 자체를 부정적으로 인식하여 자존감도 낮아지고 불안감, 죄책감을 느낄 수 있습니다.

• 존댓말이 어려운 아이

고민내용

이제 아이와 대화가 가능합니다. 말을 하기 시작하면서 엄마, 아빠가 아이에게 하는 말들을 따라 하는데 존댓말은 언제 가르쳐야 하는지 궁금해요. 또 어떤 방법으로 알려 줘야 현명하게 가르치는 것인지 알고 싶습니다.

민주 선생님's ✔Check point

- ☑ 아이의 발달상황을 고려하였나요?
- ☑ 양육자가 아이에게 존댓말을 사용하고 있는 것은 아닌가요?

해석

언어발달이 이뤄지고 있는 아이들, 특히 언어가 좀 늦은 아이들에게는 존댓말 사용에 대한 교육으로 언어적 표현에 거부감을 느끼도록 하는 것은 피하는 것이 좋아요. 기질적으로 언어영역에 뛰어난 아이들이라면 말을 배움과 동시에 존댓말 사용을 알려 주어도 잘 해낼 수 있지만 그렇지 않으면 오히려 말하는 것 자체가 스트레스가 될 수 있습니다. 존댓말 사용은 언어발달 및 인지발달이 어느 정도 수준에 도달했을 때 수정해 주고 그 전에는 자연스럽게 노출되도록 해 주세요.

간혹 아이에게 높임말을 가르치기 위해 아이와 상호작용할 때 존댓말을 사용하는 양육자가 있습니다. 그런데 아이의 말을 존중해 주어야 하는 것은 맞지만 양육자가 아이에게 존댓말을 하는 것은 맞지 않습니다. 존댓말 또는 높임말의 사전적 정의는 나보다 높은 사람 또는 다수의 청중에게 사용하는 말입니다. 아이에게 존댓말을 하는 것은 존댓말을 사용해야 하는 대상에 대해 혼란을 줄 수 있어요.

씨앗 단계 Solution

아직 언어발달 및 인지발달이 미숙하므로 존댓말 사용에 대한 교육은 어려울 수 있습니다. 자칫 언어를 배우는 것 자체에 거부감이 들 수 있으므로 존댓말을 강조하지는 않고 음성으로 소리 내어 자기표현을 하는 것에 더 초점을 맞춰 자극을 주고 존댓말은 일상에서 자연스럽게 노출하는 정도로도 충분합니다.

민주 선생님 Tips

아이의 발달에는 개인차가 있으므로 아주 간단한 "네."라고 대답하는 정도는 시도해 보세요. 또 흔히 사용하는 '주세요'라는 표현으로 손을 내밀 때 양육자가 대신해서 "주세요." 하고 말해 주는 정도는 좋은 자극이 될 수 있어요.

새싹 단계 Solution

자아가 형성되며 자기표현이 분명해지는 시기죠. 이때 아이에게 위계질서를 알려 주는 것도 중요합니다. 존댓말 사용을 활용하면 도움이 될 수 있는데, 양육자가 아이에게 존댓말을 사용하게 되면 이 위계질서에서 혼란을 줄 수 있겠죠. 아이는 반복적으로 자신보다 윗사람에게 존댓말을 사용해 보는 경험을 통해 단순히 말의 형태뿐만 아니라 예의, 질서를 이해하고 실천할 수 있게 됩니다. 현명하게 존댓말을 가르치기 위해서는 극놀이를 통해 다양한 역할을 간접 경험하도록 하면서 양육자가 역할에 맞게 존댓말을 사용하는 모습을 아이에게 모델링해 주세요.

또 한 가지 방법은 아이의 언어를 타인에게 대신 말해 줍니다. 아이에게 직접 존댓말을 사용하는 것은 잘못된 상호작용이지만 아이가 존댓말을 사용해야 할 적절한 상황에서 언어가 미숙한 아이 대신 존대말을 사용하여 자연스럽게 노출하는 것은 좋은 방법입니다. 예를 들어, 아이가 어린이집에 등원할 때 어린이집 선생님과 만나면 아이의 감정을 대신해서 "선생님, 어제 늦게 자서 오늘 너무 피곤해요.", "선생님, 주말 동안 엄마, 아빠랑 여행 다녀왔어요." 하며 아이 대신 이야기해 주어 올바른 존댓말 사용법을 알려 줍니다.

열매 단계 Solution

새싹 단계보다 좀 더 말을 잘 할 수 있으므로 앞 단계에서와 마찬가지로 극
놀이를 하면서 아이 스스로가 여러 가지 역할을 통해 상황에 맞는 적절한
존댓말을 실제로 사용해 볼 수 있도록 기회를 제공해 주세요.

일상에서보다 훨씬 다양한 상황들이 펼쳐질 수 있고, 아이 또한 지적받는
경험이 아닌 즐거운 놀이를 통해 배울 수 있으므로 좋은 교육과정이 될 수 있
습니다. 더불어 양육자가 일상에서 다른 사람들, 양육자의 부모님 등 존댓
말을 적절하게 사용하는 모습을 자주 보여 주며 모델링되어 준다면 훨씬 더
도움이 될 수 있습니다.

학습 / 발달

- 학습을 거부하는 아이(한글)
- 그림책을 볼 때 집중하지 않는 아이
- 미디어 노출이 과한 아이
- 산만한 아이
- 새로운 것에 흥미가 없는 아이
- 성에 관심을 갖는 아이
- 자위하는 아이

• 학습을 거부하는 아이(한글)

고민내용

공부에 흥미 없는 아들이 있어요. 다른 친구들은 자기 이름도 쓰고 글자도 잘 읽는데 저희 아이는 아직 글자도 잘 못 읽고 특히 쓰는 것 자체를 싫어합니다. 안 되겠다 싶어서 얼마 전부터 학습지를 시작했어요.
처음에는 선생님이 오시니 좋아하더니 지금은 학습지 하자고 하면 분량이 많지도 않은데 너무 싫어합니다. 언제까지 기다려줄 수도 없고 어떻게 가르쳐야 할지 막막합니다.

민주 선생님's ✔Check point

☑ 이전부터 한글에 관심을 가질 수 있는 흥미 놀이거리를 제공하였나요?

☑ 너무 일찍부터 맞다, 틀렸다 평가를 받았던 학습의 경험을 한 것은 아닌가요?

☑ 자음, 모음 순으로 주입식 교육이 이루어진 것은 아닌가요?

☑ 하루에 몇 장, 의무적으로 학습하는 형태로 진행하고 있는 것도 아닌가요?

☑ 아이의 소근육은 발달을 적절하게 이루어지고 있나요?

해석

무언가를 배우고 익히는 것을 학습이라고 하는데, 아이들은 태어나서부터 자연스럽게 계속해서 학습을 하고 있습니다. 그런데 양육자는 어느 순간에 한글을 가르쳐야 할 시기가 되었다거나 영어를 가르칠 시기가 되었다고 할 때 학습을 시작한다고 생각합니다.

그러면 학습지를 시작하기도 하고 ㄱ, ㄴ, ㄷ 자음부터 또는 가, 나, 다 순서로 시작하는 등 다양한 형태로 가르치게 되지요. 결국 답이 정해진 형태의 학습으로 접근했기 때문에 '맞다, 틀리다'의 평가는 아이의 자존감을 떨어뜨려 주눅들게 할 뿐만 아니라 호기심은커녕 학습에 대한 흥미가 뚝 떨어지는 상황이 된답니다.

적어도 취학 전 아동이라면 주입식 학습의 형태가 아닌 아이 스스로 자발성을 갖고 주도적으로 참여할 수 있는 놀이를 통한 학습의 형태가 적절합니다. 그래야만 진짜 학습이 가능한 시기가 되었을 때 거부감이나 특히 두려움 없이 배워갈 수 있습니다.

민주 선생님 Tips

양육자는 아이가 주도성을 가지고 자발적으로 참여하는 놀이를 통한 학습법에 대해 정확한 인지가 필요합니다.

YouTube 채널 <이민주 육아상담소> ▶

실제 아이들이 놀이를 통해 학습하는 모습은 채널 영상을 참고하세요.

씨앗 단계 Solution

씨앗 단계의 시기에는 아직 한글이나 수 등의 학습을 할 때 연필과 종이를 활용하는 단계는 아니므로 거부하는 상황은 아닐 것입니다. 그림카드나 그림책을 보며 명칭을 듣고 표현하는 놀이가 자주 이뤄질 거예요. 나중에 읽고 쓰는 학습 단계에서 거부감 없이 참여할 수 있도록 지금은 눈과 손을 협응하고 소근육 발달을 도울 수 있는 활동들을 제공해 주세요. 왜냐하면 읽고 쓰는 데 관심을 가지는 때가 되었을 때 소근육, 즉 손과 손가락에 힘이 없으면 쓰는 것이 자기 뜻대로 되지 않기 때문에 이전에 있던 흥미도 떨어질 수 있습니다. 그때가 되어 비로소 소근육 발달을 시작한다면 쓰는 것에 흥미가 떨어져 시기를 놓칠 수 있으므로 그 전 단계에서 수준에 맞는 놀이를 통해 소근육 발달을 도울 수 있도록 합니다.

소근육 발달을 돕는 놀이추천!

소근육 발달을 돕는 놀이로는 손을 사용한 모래놀이, 퍼즐놀이, 블록 끼우기, 붓 그림 그리기, 테이프나 스티커 붙이기, 자기주도의 식사(식사 도구 사용) 등

그 외에도 일상생활에서 양말벗기, 신발벗기, 지퍼 올리기 등 모두 소근육을 발달시키는 과정이므로 아이가 스스로 해 볼 수 있도록 충분히 기회를 제공해 주세요.

새싹 단계 Solution

이미 새싹 단계에서는 학습지를 시작하거나 자음, 모음을 가르치는 경우가 있습니다. 아직 뇌발달의 측면에서 이런 구조적인 형태의 학습을 하기에는 적절하지 않은 시기이므로 학습의 초기 단계라고 생각하고 마찬가지로 소근육 발달을 도울 수 있는 일상 활동과 놀이를 경험시켜 주고 글자에 대한 흥미를 유발해 주는 과정이 필요합니다.

학습 단계가 아니라는 것은 주입식으로 학습을 강요하지 마라는 의미입니다. 학습이 가능한 시기를 마냥 기다리는 것이 아니라 2살, 4살 때부터 놀이 과정에서 글자를 노출하며 아이가 글자에 관심을 가지도록 유도하고 흥미가 이어질 수 있도록 놀이를 확장시켜 주는 역할을 꼭 해 주어야 합니다.

또한 아이가 놀이하는 환경에 다양한 재질의 종이와 다양한 쓰기 도구를 항상 비치해 두고 자유롭게 끼적이는 활동을 즐길 수 있도록 해 주세요.

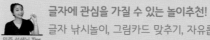

글자에 관심을 가질 수 있는 놀이추천!

글자 낚시놀이, 그림카드 맞추기, 자유롭게 끼적이기(종이 : 상자, 벽면이나 창문, 전지, 도화지 등), 글자블록, 징검다리 건너기 등

열매 단계 Solution

한글 학습은 가나다 순서가 아니라 아이의 일상에서 자주 접하는 글자들을 먼저 노출시켜 줍니다. 자기 이름글자, 친구 이름글자, 가족 이름글자, 좋아하는 그림책이나 그림카드에 나오는 글자 등 충분히 흥미를 느끼고 놀이를 통해 접할 수 있도록 합니다. 맞다, 틀리다 평가의 경험이 없는 아이들은 학

습하는 시기가 되었을 때 틀리는 것에 대한 두려움 없이 접근할 수 있어요. 한글에 대한 흥미를 끌 수 있는 놀이를 충분히 하면 웬만큼 글자를 읽고 쓰는 것이 가능해집니다.

이 과정에을 거친 아이들이 7세쯤 되면 비로소 자음과 모음, 받침글자의 형태, 한글의 소리에 관심을 갖게 되고, 그때 아이가 궁금해 하는 만큼 글자의 원리에 대해 재미있게 경험시켜 주면 됩니다.

민주 선생님 Tips

이 시기 한글 놀이추천!

병원놀이(처방전 쓰기, 진료 기록하기), 영화관 놀이(영화표 만들기), 요리법 만들기(레시피), 장보기 리스트, 가족 회의록 쓰기 등

• 그림책을 볼 때 집중하지 못하는 아이

고민내용

어릴 때는 그림책을 좋아했던 것 같은데 어느 순간 그림책에 흥미를 보이지 않아요. 그래서인지 책을 읽어줄 때도 집중하지 못하고 금방 싫증을 내기도 하고 스스로 책 읽는 것을 힘들어하는 모습입니다. 어떻게 하면 그림책을 좋아하는 아이로 성장시킬 수 있을까요?

민주 선생님's ✔Check point

- ☑ 연령 발달에 맞는 집중시간을 알고 있나요?
- ☑ 어릴 때부터 책을 많이 접할 수 있도록 했나요?
- ☑ 미디어를 활용해 책을 보았던 경험이 있는 것은 아닌가요?
- ☑ 단순한 글자에 대한 학습 등 주입식 교육이 이뤄지고 있는 것은 아닌가요?

해석

책뿐만 아니라 다른 놀이를 하면서도 집중시간, 집중력에 대한 고민을 많이 합니다. 먼저 아이 연령 발달에 맞는 집중시간을 고려해 주어야 합니다. 아이의 발달을 고려했을 때 우리가 생각하는 것보다 아이 집중시간은 아주 짧습니다.

1세의 경우 20초~1분 정도인데 그렇다면 생후 12개월이 되지 않은 아이들은 30초가 채 되지 않겠죠. 2세는 1~2분, 3세는 2~3분, 4세부터는 점차 늘려 3~5분 정도이며, 또한 더 연령이 높아지면서 집중시간도 길어집니다. 그렇다면 책을 읽어줄 때 아이는 집중하지 않는 것이 아니라 집중하기가 힘든 시기임을 알 수 있을 거예요.

그렇다고 딱 집중시간 만큼만 아이에게 책을 보여 줄 수는 없겠죠. 계속적으로 아이의 흥미를 자극하고 또 아이의 관심을 따라 가면서 좀 더 오래 집중할 수 있도록 다양한 감각 자극과 언어 자극, 인지 자극을 주는 것은 양육자의 몫이 됩니다. 또한 연령 발달을 고려했음에도 집중시간이 평균 집중시간보다 짧다면 단계별 솔루션을 참고하여 실천해 보세요.

씨앗 단계 Solution

씨앗 단계의 경우 책을 보거나 놀이를 하는데 집중할 수 있는 시간은 겨우 20초~1분 정도밖에 되지 않습니다. 그러므로 '집중력이 부족한 것이 아니라 아직은 발달 단계가 아니구나'라고 생각해 주세요. 이 시기의 그림책은 그냥 아이가 가지고 놀 수 있는 장난감 중 하나이므로, 책을 자유롭고 다양한 형태로 가지고 놀이할 수 있도록 해야 합니다.

책을 바닥에 놓고 징검다리 건너기 놀이를 하는 신체 활동을 해도 좋고, 끌차에 책을 싣고 밀고 다녀도 좋고, 단순히 책을 꺼내고 넣고 쌓는 등 아이가 쉽게 책을 접할 수 있는 양육환경을 만들어 주는 것이 좋아요.

또한 이 시기는 오감각을 자극하는 활동들이 뇌발달에 도움이 되므로 감각을 자극하는 책들을 활용하는 것도 도움이 될 수 있습니다.

새싹 단계 Solution

점차 책에서 그림과 글자를 분리하여 생각하고 책에는 줄거리가 있음을 인지하게 됩니다. 아이의 발달을 고려했을 때 아직은 집중시간이 길지 않지만, 아이가 평소 관심이 있는 캐릭터나 동물, 습관(배변훈련, 수면, 식습관 등)과 관련한 책들을 양육자와 함께 보면 훨씬 더 집중하고 관심을 끌 수 있습니다.

책은 아이가 스스로 꺼내고 넣을 수 있는 공간에 비치하여 언제든지 볼 수 있도록 하고, 책을 볼 때는 순서와 상관없이 아이가 주도할 수 있도록 하여 책의 글자 내용보다는 그림을 보며 아이와 소통할 수 있는 매개체로 활용해 보세요.

민주 선생님 Tips

책을 보는 방법은 정해져 있지 않아요. 앞에서 뒤로 또는 뒤에서 앞으로, 또 아이가 좋아하는 장면을 훨씬 오래 보더라도 상관없습니다. 간혹 책의 줄거리 내용에 집중하여 아이가 책장을 넘겨도 양육자가 주도하여 다시 읽던 자리로 돌아가는 경우가 있는데, 이런 행동은 아이가 책에 대한 흥미를 떨어뜨리는 행동이므로 주의하세요.

열매 단계 Solution

혹시 이 시기에 그림책을 보는 경험이 적었거나 양육자의 목소리가 아닌 미디어를 통한 학습이나 책을 보는 경험이 있었다면, 이보다 훨씬 자극이 적은 그림책에 흥미를 느끼기는 어렵습니다. 또한 단순한 글자를 익히는 학습이 주입식으로 이뤄졌다면 그림책 보는 것을 공부라고 여기게 되어 거부감이 생길 수 있어요.

책에 집중하지 않거나 특정 책만 보려고 한다면, 일상에서 아이가 흥미를 느낄 수 있는 범위를 경험을 통해 먼저 넓혀 주고, 이를 책과 연계해 줄 수 있도록 해 보세요. 아이는 훨씬 다양한 것에 관심을 가질 뿐만 아니라 자신의 관심 분야를 책을 통해서도 접근할 수 있다는 것을 깨닫게 되면 궁금한 것이 생겼을 때 자연스럽게 책을 찾아보는 형태로 바뀌게 될 것입니다. 책을 많이 봤으면 하는 바람이 있다면 일상에서 접하게 되는 풍성한 경험이 중요합니다.

민주 선생님 Tips

일상에서의 경험을 책으로 연계시켜 주는 방법 예시!

평소 아이가 공룡이나 자동차가 나오는 책만 좋아한다면, 책속의 캐릭터와 아이의 흥미를 유발시켜 줄 수 있는 요리 활동 등을 경험하도록 하고, 요리할 때 직접 활용했던 고구마, 토마토, 당근 등을 책에서 찾아보며 식물이 자라는 성장과정에 관심을 갖도록 해 줄 수 있습니다. 또 집에서 간단하게 키우고 재배할 수 있는 방울토마토, 상추, 고추, 콩나물 등의 키우는 방법을 책으로 찾아보는 것과 같이 일상의 경험을 통해 자연스럽게 연계시켜 주세요.

우리는 다 보여 주지 못하는 세상을
책 속에서 좀 더 보여 주려고 애쓴다.
하지만, 책으로 접하는 세상은
직접 만져보고 눈으로 보고 경험해 보는 것만 못하다.

혹시...
보여 줄 수 있는 것, 경험시켜 줄 수 있는 것마저
책으로만 보여 주고 있는 것은 아닌지 돌아보자!

- 이민주 육아연구소 -

● 미디어 노출이 과한 아이

고민내용

> 육아를 하다 보면 영상을 보여주지 않아야 한다는 생각을 하면서도 또 어쩔 수 없이 보여 주게 될 때가 많아요. 마음이 불편하지만 저녁준비를 하거나 집안일을 해야 하거나 또 밖에서 밥을 먹을 때면 어쩔 수 없이 보여 주기 시작했고, 지금은 아이가 영상 보는 것을 당연하게 여겨서 속상할 때가 많고, 매일매일 영상을 보고 있고 꺼야 하는 시간이 되면 더 보고 싶어서 떼를 쓸 때가 많아 점점 걱정됩니다.

민주 선생님's ✓Check point

- ☑ 아이의 연령에 맞는 미디어 노출 가이드라인을 잘 지키고 있나요?
- ☑ 스마트폰을 보여 줄 때 주도권을 아이에게 넘긴 것은 아닌가요?
- ☑ 가만히 앉아서 영상을 보는 비참여 영상을 노출하고 있는 것은 아닌가요?
- ☑ 아이 수준에 맞는 흥미로운 놀이, 놀이감을 적절하게 제공하고 있나요?
- ☑ 양육자가 평소 스마트폰, 컴퓨터, TV 시청 등 미디어 사용하는 모습을 자주 노출하는 것은 아닌가요?
- ☑ 영상보는 것을 보상의 의미로 부여한 것은 아닌가요?

해석

> 4차 산업혁명 시대, 미디어를 노출하지 않는 것에 대해 부정적인 시각을 가진 양육자들도 많지만 사실 굉장히 위험한 생각입니다. Part 2에서도 언급한 바와 같이 미디어는 아이 발달을 고려해서 시기적절하게 제공해야 도움이 될 수 있는 것입니다.

미디어 노출에 대한 제대로 된 기준 없이 무작위적인 노출은 아이의 전반적인 발달에 부정적인 영향을 미칠 수 있고 많은 문제행동을 초래할 수 있습니다. 그러므로 아이 발달 시기에 따라 미디어가 어떤 영향을 줄 수 있는지, 언제부터 어떻게 노출해야 건강하게 미디어를 접할 수 있고 활용할 수 있는지를 확인 후 기준을 명확하게 해야 합니다.

씨앗 단계 Solution

미국 소아과학회에서는 만 2세 이하의 아이들에게는 아예 스마트폰, 영상 화면을 보여 주지 말 것을 권고하고 있다고 합니다. 그래야만 두뇌 질환을 아이의 문제행동을 예방할 수 있다고 해요. 어떤 이유에서도 24개월 미만의 영아에게는 미디어 노출을 삼가는 것이 바람직합니다.

뇌는 가운데 뇌량으로 연결된 우뇌, 좌뇌로 이뤄져 있고 각각 다른 기능을 담당하고 있어요. 만 0~3세까지가 뇌발달에 있어 가장 중요한 시기입니다. 이 시기에 뇌신경 세포의 핵 기능이 가장 활발하고 잘 발달하여야 그다음 집중력 조절, 판단력, 감정조절을 담당하는 전두엽과 공부하는 뇌로 알려진 측두엽 발달도 잘 이뤄질 수 있는 것입니다.

씨앗 단계는 오감각을 통해 뇌가 발달하는 시기이므로 영상을 통해 시각과 청각 자극만 너무 강하게 받는 것보다는 오감을 통해 고루 자극을 받을 수 있도록 도와주세요.

새싹 단계 Solution

세계보건기구(WHO)에서 2019년 4월 24일 스마트폰 노출에 대한 가이드 라인을 발표했습니다. 만 2~4세 어린이는 하루 1시간 이상 스마트폰 등 전자기기에 노출하지 않아야 합니다. 보지 않으면 가장 최선이겠지만 어쩔 수 없이 노출해야 한다면 되도록 가만히 앉아서 영상을 보는 것이 아니라 아이가 능동적으로 참여할 수 있는 영상으로 선택하는 것이 좋아요. 예를 들어 줄

거리가 있는 만화보다는 영상을 보며 노래를 따라 부르거나 춤을 추는 신체 활동을 할 수 있는 영상들을 추천합니다. 실제로 영상 노출이 과한 아이들의 놀이를 살펴보면, 전반적인 활동에서 능동성이 떨어지거나 흥미를 느끼지 못하여 놀이성이 부족한 모습을 관찰할 수 있습니다.

아이 스스로 스마트폰이나 리모컨을 조작해서 영상을 보는 모습들을 볼 수 있는데, 영상을 보여 줄 때는 반드시 양육자가 선택하여 보여 주는 것으로 주도권을 아이에게 넘기지 말아야 합니다.

 열매 단계 Solution

뇌는 성인이 되어서도 늘 변하고 완전하게 굳어버리는 것은 아니지만, 대체로 만 5~6세까지 급격하게 성장하고, 만 12세가 되면 성인의 수준이 된다고 합니다. 아이가 심심해하는 것을 양육자가 오히려 견디지 못하고 한계를 느낄 때 주로 영상을 보여 주는 경우가 많은데, 신기하게도 아이들이 심심함을 느낄 때 뇌발달이 굉장히 활발하게 이뤄집니다. 심심한 타이밍에 '뭐 하고 놀지? 뭐해 볼까? 어떤 놀잇감을 가지고 놀아 볼까?'라는 많은 생각을 하고 결국에는 아이가 스스로 찾은 놀이를 즐기며 놀이성도 함께 발달할 수 있습니다. 아이가 주도적으로 놀거리를 찾을 수 있도록 해야 하는데 너무 쉽게 영상을 접할 수 있다면 영상을 보려고 늘 심심하다고 할 거예요. 심심함이 무기가 되도록 하지 않아야 합니다.

영상을 볼 수 있는 시간을 아이와 함께 설정해 보고 실천하거나 영상 보는 횟수를 정한 후 볼 때마다 표시하며, 아이 스스로가 욕구를 조절해 나갈 수 있도록 해 보세요. 단, 약속은 반드시 지켜야 하고 혹시 조절이 안 되고 너무 힘들어하는 아이라면 미디어 중독을 의심해 볼 수 있으므로 과감하게 영상 노출을 중단하는 것이 바람직합니다.

'단호함'이 오히려
아이에게 위로가 될 때가 있다.
결국 해 주지 못할 것이라면
단호하게 대처해서
더 이상의 희망고문으로
상처주지 말자.

- 이민주 육아연구소 -

● 산만한 아이

고민내용

저희 아이는 많이 산만해요. 책상에 앉아서 학습할 때는 물론이고, 한 가지 놀이를 지속하는 것도 힘들어합니다. 그리고 식당을 가거나 친구 집에 가서 밥을 먹을 때도 다 먹을 때까지 가만히 앉아 있지를 못해서 항상 혼내게 됩니다. 외식을 할 때도 주변 사람들한테 피해가 가니 편안한 마음으로 식사하기도 힘들어요. 최근에는 기분이 좋지 않으면 소리를 지르거나 과격한 행동까지 하는데 ADHD가 아닐까 많이 걱정됩니다. 어떻게 해야 할까요?

민주 선생님's ✓Check point

- ☑ 연령별 집중 가능한 시간을 알고 있나요?
- ☑ 학습의 수준이 아이의 발달 수준보다 높은 것은 아닌가요?
- ☑ 집중력을 높여 줄 수 있는 놀이 경험을 제공하고 있나요?
- ☑ 미디어 노출이 과한 것은 아닌가요?
- ☑ 불안감을 가질 만한 사건이나 스트레스가 있지는 않나요?

해석

아이가 산만할 때 양육자는 '혹시 ADHD가 아닐까, 학습장애가 아닐까?'라는 걱정을 많이 하게 됩니다. 우선 우리가 생각하는 것보다 아이들이 집중할 수 있는 시간은 훨씬 짧기 때문에 연령별로 어느 정도 집중이 가능한지 기준을 알고 있으면 도움이 될 수 있습니다. 혹시 기준보다 더 집중 시간이 짧고 산만한 아이라면 최대한 이른 시기에 아이의 기질, 양육환경을 점검하여 원인을 찾고 문제를 해결해 줄 수 있도록 하는 것이 좋습니다(집중시간 248p 참고).

산만하고 충동적이며 과잉행동을 한다면 ADHD를 의심해 볼 수 있지만, ADHD의 진단은 전문가가 할 수 있으므로 뒤 페이지에 있는 평가척도를 체크해 보고 19점 이상의 점수가 나왔다면 전문가의 상담을 추천합니다.

씨앗 단계 Solution

만 1~2세는 집중 시간이 2분이 채 되지 않기 때문에 집중력이 떨어지는 것이라기 보다는 발달상의 어려움으로 판단할 수 있습니다. 다만, 아이가 관심을 갖고 참여하는 놀이가 있다면 좀 더 흥미를 이어갈 수 있도록 양육자의 상호작용이나 모델링을 통해 놀이 확장이 필요합니다. 그리고 아이 수준에 맞춰 학습적인 성향이 강한 놀이보다는 오감을 통한 뇌발달을 도울 수 있도록 해 주세요.

새싹 단계 Solution

만 2~3세의 아이들도 집중 시간은 5분이 채 되지 않으므로 그 이상 오래 지속하는 학습은 힘들 수 있어요. 그렇다고 5분 이내의 활동들만 제공하는 것이 아니라 식당에서 지켜야 할 규칙이나 식사 습관, 단순한 규칙이 있는 놀이를 조금씩 경험할 수 있도록 하면서 점차 집중도를 높여가는 훈련을 시켜 주세요. 결과보다는 과정을 즐길 수 있도록 하여 아이가 주도성을 갖고 놀이에 참여한다면 훨씬 도움이 될 수 있습니다. 또한 4~5세가 되면 한글을 가르치거나 학습을 시작하는 아이들이 있는데, 이는 아이의 발달 단계에서 적절하지 않은 형태의 주입식 교육이므로, 놀이를 통해 자연스럽게 학습이 이뤄질 수 있도록 해야 합니다.

자아가 강해지는 이 시기에는 모든 것이 서툴더라도 아이가 스스로 하려고 할 때가 많을 거예요. 그러므로 시간이 지체되거나 일거리가 많아지더라도 재촉하지 않고 스스로 할 수 있도록 기다려 주는 것은 무엇보다 중요한 과정입니다. 이것은 스스로 하고자 하는 것에 자신감을 가지고 끝까지 해냈을 때에만 느낄 수 있는 성취감을 느끼도록 기회를 제공해 주세요.

열매 단계 Solution

이제는 서서히 학습을 경험하는 단계이기 때문에 특히 아이가 집중하지 못하는 모습이나 산만한 모습들이 눈에 띄게 보일 거예요. 본격적으로 집중력을 높여 줄 수 있도록 해야 하며, 그 전에 내 아이의 발달 수준 및 양육환경을 점검해 볼 필요가 있습니다.

아이가 학습할 때 산만한 모습을 보인다면, 학습 수준이 아이의 발달 수준보다 높거나 학습량이 많은 것은 아닌지 살펴 보세요. 그리고 일상에서 경험하는 놀이나 학습보다 훨씬 자극이 강한 미디어에 과하게 노출된 것은 아닌지도 반드시 점검해 보아야 합니다. 미디어 노출이 무조건 나쁜 것은 아니므로 건강하게 노출해 주는 것도 양육자가 해야 할 역할입니다.

아이의 과잉행동이나 산만한 행동이 걱정된다면 먼저 가장 오랜 시간 관찰이 이뤄지는 어린이집 또는 유치원, 학교 담임교사와의 면담을 해 보는 것이 중요하며, 이런 과정들이 큰 도움이 될 수 있을 거예요. 집에서 양육자가 볼 수 있는 모습만으로 판단는 것보다 또래와 비교해 볼 수 있는 객관적인 의견을 참고해 보세요.

민주 선생님 Tips

집중력을 높일 수 있는 놀이 추천!
클레이 점토놀이, 블록 구성하기, 보드게임, 종이접기, 색칠하기, 다른 사람과 협동할 수 있는 활동, 요리 활동, 도미노 게임 등

주의력결핍장애 (ADHD)

주의력결핍 과잉행동장애(ADHD)란 과잉행동, 주의산만, 충동성의 3가지 주요 특성이 나타날 수 있어요. 최근 연구에 따르면 ADHD는 신경발달 장애로 뇌의 전두엽 피질 활동이 만성적으로 저하되어 생기는 통제력 결핍이라고 합니다.

주의력결핍장애(ADHD)의 원인으로는 유전적 요인, 신경학적 요인, 사회 심리적 요인으로 나눌 수 있으며, 그중에서도 부모가 ADHD라면 자녀에게 ADHD가 생길 확률이 57%나 된다는 보고가 있습니다.

주의할 점은 집중력이 부족하거나 산만한 행동을 한다고 해서 무조건 주의력결핍장애로 판단하지는 않아요. 또한 병리적인 것이므로 단순히 양육자의 훈육으로만 행동수정이 되기는 어렵습니다. 그러므로 전문가의 면담, 검사, 평가를 통해 정확한 진단이 필요하고, 진단을 받은 후에는 아이의 상태에 따라 상담치료, 훈련, 약물 치료 등 적절한 치료가 이뤄질 수 있도록 해야 합니다.

[주의력결핍과잉행동장애의 진단기준]

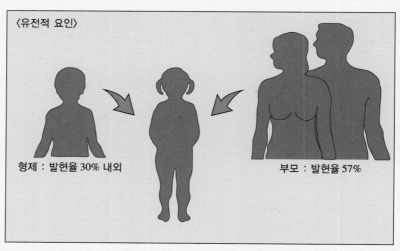

〈유전적 요인〉

형제 : 발현율 30% 내외

부모 : 발현율 57%

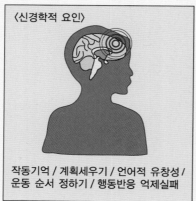

〈신경학적 요인〉

작동기억 / 계획세우기 / 언어적 유창성 /
운동 순서 정하기 / 행동반응 억제실패

〈사회심리적 요인〉

잘못된 자녀관리방법 /
부모의 정신병리 / 심리적 방어기제

다음과 같은 증상이 발달수준에 맞지 않고 부적응적으로 6개월 이상 지속될 때, (1) 항목 9개 중 6개 이상 혹은 (2) 항목 9개 중 6개 이상 해당 될 때에 주의력 결핍과잉행동장애로 진단하게 됩니다.

(1) 주의산만 증상들

1. 일의 자세한 내용에 대한 주의가 부족하거나, 공부나 일 또는 다른 활동에 있어 부주의한 실수를 많이 한다.
2. 공부를 포함하며 어떤 일이나 놀이를 할 때 주의집중을 하지 못한다.
3. 대놓고 이야기하는 데도 듣지 않는 것처럼 보일 때가 자주 있다.
4. 지시를 따라오지 않고 학업이나 심부름을 끝내지 못하는 수가 자주 있다.
5. 과제나 활동을 체계적으로 조직하는 것에 곤란을 자주 겪는다.
6. 지속적으로 정신을 쏟아야 하는 일을 자주 피하거나, 싫어하거나 혹은 거부한다.
7. 과제나 활동에 필요한 것을 자주 잃어버린다.
8. 외부에서 자극이 오면 쉽게 주의가 산만해진다.
9. 일상적인 일을 자주 잊어버린다.

(2) 과잉행동 - 충동성 증상들

1. 손발을 가만두지 않거나 자리에서 꼬무락거린다.
2. 가만히 앉아 있어야 하는 교실이나 기타 상황에서 돌아다닌다.
3. 적절하지 않은 상황에서 지나치게 달리거나 기어오른다.
4. 조용하게 놀거나 레저 활동을 하지 못하는 때가 많다.
5. 쉴 사이 없이 활동하거나 혹은 마치 모터가 달린 것 같이 행동한다.
6. 자주 지나치게 말을 많이 한다.
7. 질문이 끝나기도 전에 대답해 버리는 수가 많다.
8. 차례를 기다리는 것이 어렵다.
9. 다른 사람에게 무턱대고 끼어든다.

[주의력결핍 과잉행동장애 평정척도]

다음 질문들은 아동에 관한 것입니다.
귀하의 자녀가 집에서 보이는 행동을 가장 잘 나타내고 있는 번호를 체크해 주십시오.

보이는 행동	전혀 혹은 그렇지 않다.	때때로 그렇다.	자주 그렇다.	매우 자주 그렇다.
1. 세부적인 면에 대해 꼼꼼하게 주의를 기울이지 못하거나, 학업에서 부주의한 실수를 한다.	0	1	2	3
2. 손발을 가만히 두지 못하거나 의자에 앉아서도 몸을 꼼지락거린다.	0	1	2	3
3. 일을 하거나 놀이를 할 때 지속적으로 주의를 집중하는 데 어려움이 있다.	0	1	2	3
4. 자리에 앉아 있어야 하는 교실이나 다른 상황에서 앉아 있지 못한다.	0	1	2	3
5. 다른 사람이 마주보고 이야기할 때 경청하지 않는 것처럼 보인다.	0	1	2	3
6. 그렇게 하면 안 되는 상황에서 지나치게 뛰어다니거나 기어오른다.	0	1	2	3
7. 지시를 따르지 않고, 일을 끝내지 못한다.	0	1	2	3
8. 여가 활동이나 재미있는 일에 조용히 참여하기가 어렵다.	0	1	2	3
9. 과제와 일을 체계적으로 하지 못한다.	0	1	2	3
10. 끊임없이 무엇인가를 하거나 마치 모터가 돌아가는 듯 움직인다.	0	1	2	3
11. 지속적인 노력이 요구되는 과제(학교 공부나 숙제)를 하지 않으려 한다.	0	1	2	3

보이는 행동	전혀 혹은 그렇지 않다.	때때로 그렇다.	자주 그렇다.	매우 자주 그렇다.
12. 지나치게 말을 많이 한다.	0	1	2	3
13. 과제나 일을 하는 데 필요한 물건들을 잃어버린다.	0	1	2	3
14. 질문이 채 끝나기도 전에 성급하게 대답한다.	0	1	2	3
15. 쉽게 산만해진다.	0	1	2	3
16. 차례를 기다리는 데 어려움이 있다.	0	1	2	3
17. 일상적으로 하는 일을 잊어버린다.	0	1	2	3
18. 다른 사람을 방해하거나 간섭한다.	0	1	2	3

※ 총점이 19점 이상일 경우 전문가와 상담이 필요하다고 볼 수 있습니다.

• 새로운 것에 흥미가 없는 아이

고민내용

어린이집에서 활동을 할 때도 새로운 활동에 적극적인 모습은 아니라고 하는데, 또래와 함께 집에서 놀이하거나 키즈카페를 가더라도 새로운 장난감에 대한 호기심을 보이지 않아요.
친구들은 기존에 있던 장난감들보다 새로운 장난감에 더 즐거워하고 놀이하는 모습인데 저희 아이는 친구들 노는 모습을 구경하거나 아예 관심이 없는 모습입니다. 호기심이 부족한 걸까요? 새로운 것에 흥미를 느낄 수 있도록 할 방법은 없을까요?

민주 선생님's ✔Check point

- ☑ 아이의 기질을 제대로 인지하고 있나요?
- ☑ 새로운 것을 제공한 후 탐색시간을 충분히 제공했나요?
- ☑ 아이의 발달에 적합한 놀이(장소, 장난감)인가요?
- ☑ 미디어 노출이 많은 것은 아닌가요?
- ☑ 감각적으로 좀 더 예민한 아이는 아닌가요?

해석

타고나는 기질에 따라 새로운 공간에 호기심을 갖고 새로운 장난감을 제공했을 때 망설임 없이 탐색과정을 즐기는 아이가 있고, 또한 익숙한 공간이나 익숙한 장난감을 좋아하여 새로운 곳이나 새로운 장난감을 탐색하는 데에는 시간이 걸리는 아이도 있습니다.
아이들은 사람이나 공간에만 낯을 가릴 뿐만 아니라 물건에도 낯을 가릴 수 있으므로, 손으로 먼저 만지지 않고 눈으로 충분히 탐색하고 다른 사람이 먼저 놀이하는 모습을 보면서 충분히 익숙해졌을 때 손으로 직접 만져보고 탐색하며 흥미를 보이기도 한답니다.

또 다른 이유로는 아이의 발달 수준에 맞지 않는 경우 호기심을 느끼지 못할 수 있고, 취향이 확고한 아이라면 자신의 관심 분야가 아닌 경우 아예 관심을 보이지 않을 수도 있습니다. 이런 경우는 기존에 좋아하던 특정 장난감만 가지고 놀려고 하거나 집착하는 모습을 보일 수 있어요.

씨앗 단계 Solution

기질적으로 새로운 것을 탐색하는데 시간이 걸리는 아이라면 충분한 시간을 줄 수 있도록 해야 합니다. 이러한 성향의 아이에게 새로운 것을 제시하고 바로 탐색하도록 하기보다는 양육자가 먼저 탐색하면서 안전하다는 것을 보여 주며 놀이하는 모습을 모델링해 준다면 훨씬 도움이 될 수 있어요.

모델링 후에는 양육자와 함께 탐색해 보고 이것도 익숙해지면 혼자 놀이해 보는 것으로 천천히 적응시켜 주세요.

모델링과 적응과정을 몇 차례 반복한 후 다양한 경험을 시켜 줄 수 있도록 한다면 기질이 변할 수는 없지만 조금씩 나아지는 모습을 볼 수 있을 거예요.

아이가 거부하거나 두려워하는 물건, 장소에서 막무가내로 적응을 시킨다거나 지나치게 노출시키는 것은 오히려 더 공포심을 줄 수 있으므로 주의해야 합니다.

이러한 기질을 가진 아이들은 몸으로 탐색하는 활동을 할 때 눈으로 귀로 먼저 탐색하고, 손가락으로 만져보고, 손바닥으로 만져보고, 발로 느껴 봄으로써 몸으로 탐색하는 점진적인 과정으로 많은 시간과 인내가 필요해요.

새싹 단계 Solution

이 시기에도 연령과 상관없이 기질에 따라 새로운 것을 제공했을 때 적응하는 시간을 충분히 거친 후에 탐색할 수 있도록 해야 합니다. 양육자가 모델링이 되어 주거나 함께 탐색할 수 있도록 하고, 처음부터 100% 노출시키기보다는 아주 조금씩 점진적으로 탐색해 가는 과정이 필요해요.

예를 들어, 물놀이용품을 탐색시킬 때 아이를 물놀이 장소에 풍덩 넣고 물놀이용품을 동시에 제시하는 것보다는 물 밖에서 눈으로 충분히 구경하고 손으로 만져보고 익숙해지면 물에 들어가서 가지고 놀이할 수 있도록 합니다.

모래놀이 도구, 미술 도구에서도 모래놀이에 익숙해진 후 도구를 하나씩 제시해 보거나, 도구를 충분히 탐색한 후 모래놀이터에 들어가 놀이를 하는 방식으로 한 번에 모든 것을 경험하는 것이 아니라 점진적으로 천천히 접근해 보세요.

자칫하면 아이는 눈으로 탐색하고 있는데 직접 가지고 놀이하지 않는 모습만 보고 관심이 없다고 오해할 수 있어요. 아이가 눈으로 탐색할 때는 너무 지나치게 관여하기 보다는 조심스럽게 아이의 반응을 관찰하며 기다려 주세요.

열매 단계 Solution

열매 단계쯤 되는 아이라면 다른 친구들과 달리 새로운 환경이나 새로운 놀이감에 대한 두려움이 있다는 것을 아이 스스로 수치스럽게 느낄 수 있어요. 그런데 양육자가 "다른 친구들은 다 잘 갖고 놀잖아, 이게 뭐가 무서워! 하나도 안 무서운데."와 같은 반응을 하게 된다면 아이는 자기 자신을 부정적으로 인식하고 자존감이 낮아질 수 있답니다.

그러므로 원래 가지고 놀던 익숙한 장난감과 연계하여 경계심을 갖지 않도록 도와주는 것이 좋습니다. 또한 평소 다양한 체험 활동이나 새로운 경험을 제공하여 자연스럽게 새로운 것에 흥미를 느낄 수 있도록 해 주세요.

당장 행동이 변하지는 않겠지만 다양하게 직접 경험을 해 볼 수 있다면 더없이 좋은 학습이 될 수 있어요. 이는 아이의 관심을 넓혀 줄 수 있으므로 특정 분야에만 관심이 있는 아이에게도 도움이 될 수 있습니다.

민주 선생님 Tips

TV, 스마트폰 등 강하고 일방향적 자극에 지속적으로 노출되었다면 능동적으로 탐색하고 참여해야 하는 놀이에 무관심하거나 놀이성이 부족하여 어려움을 겪을 수 있으므로 주의해야 합니다.

"방법을 가르치지 말고, 방향을 가리켜라.
가르치면 모범생을 길러낼 수 있지만,
가리키면 모험생을 길러낼 수 있다."

- 데이브 버제스 -

• 성에 관심을 갖는 아이

고민내용

저희 아들이 성에 점점 관심을 갖기 시작하는 것 같아요. 잘 때 엄마 가슴을 만지려고 한다거나 여동생이 있는데 자기와 다른 신체에 호기심을 보이기도 합니다.

이전보다 훨씬 부끄러워하는 모습을 보일 때도 있고, 가끔은 아이가 불쑥불쑥하는 행동이나 시선에 민망할 때도 있어요. 그래서 점점 성교육에 대한 고민도 되고 또 양육자는 어떻게 대처해야 하는지도 궁금합니다.

민주 선생님's ✔Check point

- ☑ 평소 발달에 맞는 성교육이 이뤄지고 있나요?
- ☑ 평소 '자기결정권'을 존중해 주었나요?
- ☑ 아이가 성에 대한 호기심을 가질 때 회피한 것은 아닌가요?
- ☑ 아이가 성에 대한 호기심을 표현할 때 부끄러워한 것은 아닌가요?
- ☑ 양육자는 성교육 방법을 제대로 알고 있나요?

해석

시기의 개인차는 있지만 5~7살 정도만 되더라도 성에 호기심을 갖는 아이들이 많습니다. 그런데 아이 성향에 따라 궁금한 것을 정확하게 물어보는 아이도 있고, 그렇지 않고 이성 친구에게 장난을 치는 것으로 관심을 표현하기도 합니다.

양육자는 내 아이에게 성에 대한 인식과 자기결정권에 대한 인식을 정확하게 가르쳐야 합니다. 그래야만 성에 관심을 갖기 시작하는 시기부터 왜곡되지 않은 올바른 성(性) 인식을 할 수 있고, 자기결정권에 대해 분명하게 알아야 다른 사람의 결정권도 존중할 수 있습니다.

아이에게 정확한 성교육을 하기 위해서는 양육자가 먼저 올바른 성(性) 인식을 할 수 있어야 하고 정확하게 알고 있어야 합니다. 지금은 성교육의 필요성을 강조하고 어린 시기부터 이뤄지고 있지만, 사실 양육자의 세대는 어린 시기에 제대로 된 성교육이 매우 드물었기 때문에 자위, 음경, 음순 이런 단어를 말하고 알려 주는 것이 부끄럽고 민망할 수 있어요.

그 마음은 이해하지만 그럼에도 불구하고 양육자가 성에 대해 부끄러워하거나 민망해 하는 태도는 오히려 아이들이 왜곡된 성(性) 인식을 할 수 있으므로 조심해야 합니다.

아이가 태어나서 뭐든 입으로 가져가 탐색하는 구강기(1세)가 지나면 배변 훈련이 이뤄지는 항문기(2~3세)가 옵니다. 그 시기가 지나면 남근기(4~6세)라고 해서 자연스럽게 남자, 여자를 구분하고 성기에도 관심을 갖고 만지고 자극함으로 쾌감을 경험하게 됩니다.

이때쯤 아이들은 처음 성(性)에 대한 호기심을 보일 수 있어요. 생식기를 만지는 행동뿐만 아니라 엄마의 가슴에 관심을 가지기도 하고, 이성 친구의 신체에 관심을 보이기도 하며, 여자와 남자가 다름에 관심을 가지기도 하는 등 다양한 형태로 나타납니다.

씨앗 단계 Solution

성에 대한 개념을 아이에게 알려 주기 위해서는 좀 더 포괄적으로 생각해야 합니다. 다른 사람이 내 몸을 함부로 하지 않도록 하기 위해 먼저 자기가 자기 몸을 소중하게 여길 수 있도록 교육해야 합니다. '내 몸은 내가 지켜야 해, 내 몸의 주인은 나야, 내 몸은 소중해' 이 과정을 알게 하려면 양육자는 가장 먼저 '너의 몸은 소중해'부터 가르쳐야 합니다.

양육자가 아이를 함부로 대하고 무시하면 아이의 자존감은 낮을 수 밖에 없어요. 또한 아무리 엄마, 아빠라고 하더라도 아이의 몸을 만지거나 스킨십을 할 때는 아이 스스로가 결정할 수 있도록 '자기결정권'을 존중해 주는 것이 필요해요.

아이를 존중하고 소중하게 대하는 것, 안정적으로 애착을 형성하고, 강압적으로 배변훈련을 하지 않는 것부터가 성교육의 시작이라고 생각해야 합니다.

새싹 단계 Solution

이전에는 '너의 몸이 소중해'라는 것을 안아주고 마사지해 주고 애정 표현하는 것으로 알려 주었다면, 아이가 성에 관심을 보이기 시작할 때부터는 이제 아이가 궁금해하는 것에 대해서 양육자가 당황하거나 회피하지 않고 잘 알려 줌으로써 성교육이 이뤄져야 합니다. 괜히 민망해서 대답을 회피하거나 "자꾸 고추 만지면 고추 떨어진다, 부끄러워, 지저분해, 꼬질벌레 들어간다." 와 같이 잘못된 정보로 아이가 잘못된 인식을 갖도록 하는 것보다 정확하게 전달해야 합니다.

그렇다고 '때가 왔구나!' 하는 마음으로 아이의 발달 수준을 고려하지 않고 아이가 궁금해하는 수준을 넘어 지나치게 구체적인 내용으로 집중하도록 하지 않는 것이 좋아요. 정확하게 아이가 궁금해 하는 것을 아이의 수준에 맞춰 가르쳐 주세요.

또한 아이가 양육자의 몸을 만지거나 자기 신체를 보여 주는 행동을 한다면, 다른 사람의 몸을 함부로 만지거나 자기 신체를 보여 주는 것은 하지 말아야 할 행동임을 알려 주세요.

성별이 다른 부모-자녀가 언제까지 목욕을 같이 해도 될까요?
민주 선생님 Tips   목욕을 함께 하는 시기가 정해져 있는 것은 아닙니다. 그 시기는 엄마 또는 아빠가 아이의 시선으로부터 민망함을 느끼거나 오히려 아이의 호기심을 자극하는 때라고 느낄 때부터는 목욕을 따로 하는 것이 좋습니다.

열매 단계 Solution

열매 단계의 아이들이 가장 성에 대한 관심이 많고 또 궁금증을 표현하는 시기이기 때문에 이 단계에서 양육자도 고민에 빠지고 걱정하게 될 거예요.

아이에게 성교육을 하는 것이 쉽지 않다면 그림책을 활용하는 것도 좋은 방법이에요.

아이의 수준에 맞춰 그림을 보면서 그림책 내용을 읽으며 알려 주고, 아이의 호기심도 충족할 수 있도록 해 주는 것이 바람직하겠죠. 그림책도 수준이 다양하므로 내 아이가 궁금해 하는 정도와 수준에 맞춰 선택해야 합니다. 그렇게 함으로써 아이가 성에 대해 궁금한 것이 생겼을 때도 가장 안전한 부모에게 언제든지 부끄러워하지 않고 물어 볼 수 있게 됩니다.

청소년기가 되어서 그제야 알려 주려고 하면 그땐 부모와 성에 관해 이야기하고 싶지 않고 회피하게 될 가능성이 큽니다. 어릴 때부터 성에 대해 숨기는 것보다는 그림책이나 자료를 활용해서 다른 사람, 특히 이성의 몸에 대해 알려 주고 호기심을 해소해 주는 것이 바람직합니다.

용어도 이전처럼 '고추, 소중이, 잠지' 이렇게 알려줘도 괜찮아요. 아이들이 어릴 때 밥을 '빠빠' 과자를 '까까' 이렇게 말하다가 어느 정도 성장하며 밥, 과자로 변경해 주듯이 이후 의사소통이 가능한 시기가 되고 아이가 궁금해 한다면 그림 자료를 보면서 남자는 음경, 여자는 음순 이렇게 정확한 명칭을 알려 주면 됩니다.

• 자위하는 아이

고민내용

아이가 낮잠이나 밤잠을 자기 전에 자위를 하는 것 같아요. 엎드린 자세로 몸을 움직이거나 다리 사이에 이불을 껴서 비비는 행동을 합니다. 어린이집에서도 놀이 시간에 가끔 책상 모서리에 대고 자위를 하기도 하고, 낮잠 시간에 자위하는 모습을 보이곤 한답니다.

혼내면 안 된다고는 알고 있지만, 정확하게 어떻게 대처해야 하는지 궁금해요.

민주 선생님's ✔Check point

☑ 양육자는 아이의 발달과정을 이해하고 있나요?

☑ 자위하는 아이를 보고 놀라거나 당황하여 과하게 표현한 것은 아닌가요?

☑ 부정적인 반응을 보여 죄책감을 느끼게 한 것은 아닌가요?

☑ 무작정 중단하도록 한 것은 아닌가요?

☑ 최근에 더 빈번하게 보인다면 혹시 스트레스 받을 만한 일이 있었던 것은 아닌가요?

해석

자위하는 아이를 관찰했을 때 많은 양육자가 당황스러워 어떻게 대처해야 할지 고민합니다. 그 이유는 여러 가지가 있겠지만 가장 큰 이유가 바로 성적인 행위라고 생각하기 때문일 거예요. 그런데 유아 시기의 자위는 성적인 욕구를 충족시키기 위함이라기보다 자기 몸을 탐색하는 과정에서 하는 '놀이'라고 생각할 수 있습니다.

아이들이 자위를 하는 이유는 우연한 자극으로 쾌감을 느꼈을 때 그 후 계속 이뤄지게 됩니다. 자위하는 아이를 관찰했을 때 당황스러운 양육자의 마음은 공감하고 이해하지만 '자위행위' 자체가 나쁜 행동이 아니라는 것을 알아야 합니다. 즉, 부끄럽고 죄책감을 가질 일이 아니며, 또한 요즘 아이들은 빠르면 초등학교만 가더라도 자위행위, 성행위들을 합니다.

최종적으로 우리는 아이에게 올바른 성(性)에 대한 인식을 가질 수 있도록 해 주어야 하는데, 유아기 자위행위를 보고 부정적인 반응을 보인다거나 못하도록 제지한다면 나중에 청소년기가 되어서 성(性)은 부끄러운 것, 수치스러운 것, 죄책감이 드는 것이라고 잘못 인식하게 될 수 있어 주의해야 합니다.

씨앗 단계 Solution

빠르면 돌 이전부터도 자위행위를 한다고 합니다. 성에 관심을 가져서가 아니라 기저귀를 갈다가, 보행기를 타다가, 간지러워서 긁다가 어쩌다 자극을 받았는데 '어? 이게 무슨 느낌이지? 기분이 좋은 거 같은데?' 해서 알게 되는 경우가 있어요. 특히 여자아이들의 생식기 구조상 더 쉽게 자극을 받을 수 있어 자위행위를 하는 경우가 많다고 합니다. 그래서 되도록 기저귀를 갈거나 대변을 본 후 닦아줄 때 생식기 주변에 대한 자극은 주의해야 합니다.

새싹 단계 Solution

아이가 울 때는 "왜 울어? 속상했어?" 하며 수용해 줍니다. 반면 아이가 생식기를 만지며 자위행위를 할 때는 자꾸 당황스러워하고 못하도록 제지하면 아이 입장에서는 혼란스러움을 느낄 수 있고 오히려 그 행동에 대한 집착이 생길 수 있어요.

"기분이 좋았어? 그런데 세균 벌레가 많은 손으로 만지면 우리 몸속에 세균 벌레가 들어가서 병에 걸릴 수 있다. 만지기 전에는 꼭 손을 씻어야 해." 하고 자연스럽게 데려가서 손을 씻길 수 있도록 해 주세요. 그러면 손을 씻고 만져야 함을 어릴 때부터 알려 줄 수 있고, 동시에 손을 씻는 과정을 통해 자위를 자연스레 멈출 수 있으며, 찬물에 손을 씻게 되면 자연스럽게 욕구가 떨어지게 됩니다.

민주 선생님 Tips 새싹 단계의 아이들이라도 양육자의 반응에 따라 어떤 감정을 느낄 수 있습니다. 자위하는 모습을 보고 과한 반응이나 부정적인 반응을 보인다면 오히려 더 집중하고 집착하게 될 수 있으므로 주의해야 합니다.

열매 단계 Solution

'아이가 자위행위하는 것을 목격하면 자연스럽게 흥미를 돌려라'라는 대처법도 나쁘지 않지만 반복되면 이를 알아차리고 5살만 되더라도 자위행위를 하다가 다른 사람과 눈이 마주쳤을 때 수치심을 느끼는 모습을 관찰할 수 있어요.

이보다는 새싹 단계의 솔루션과 같이 찬물에 손을 씻도록 하면서 꼭 알려주세요. "만지면 기분이 좋아서 만질 수는 있는데 아무도 없는 곳에서 만져야 하는 거야. 어린이집이나 유치원에는 사람들이 많잖아. 다른 사람이 보는 곳에서 만지는 건 절대로 안 되는 거야." 그리고 다른 사람이 만지려고 할 때도 "안 돼, 이건 내 몸이야."라고 말하고 "다른 사람의 몸도 보려 하거나 함부로 만져서는 안 되는 거야."라고 알려 줍니다.

민주 선생님 Tips '생식기를 너무 자주 만지는데, 다 수용을 해줘야 해요?' 걱정되실 거예요. 아이들은 자연스럽게 생식기를 만지고 그 느낌을 즐기지만 언제 자주 만지는지 관찰해야 합니다. 심심할 때, 자기 전에, 또는 아이마다 자주 만지는 특정 시간이 있을 거예요. 이미 만질 때 흥미를 돌리기보다 평소에 한발 앞서 자위보다 재미있는 것, 흥밋거리를 제공하거나 함께 찾아보며 아이가 심심해서 자위하지 않도록 해 주세요. 자기 전에도 이야기를 나누거나 책을 읽어주거나, 마사지를 해 주거나 스킨십을 하며 재워주면서 처음부터 아이가 무료함을 느끼지 않도록 한다면 그 횟수는 줄어들겠죠.

형제/자매

- 동생이 생겨서 힘든 아이
- 동생이 태어난 후 아기같이 행동하는 아이
- 동생을 괴롭히는 아이
- 동생과 함께 노는 것을 거부하는 아이
- 자주 짜우는 형제자매
- 경쟁이 심한 형제자매

• 동생이 생겨서 힘든 아이

고민내용

- 얼마 전 동생이 생기면서 첫째 아이가 자신을 안아주는 횟수보다 동생을 더 많이 안아준다고 느끼는지 계속 안아달라고 소리를 지르고 떼쓰는 행동을 합니다. 처음에는 안쓰러워서 떼쓰면 안아주고 달래주고 했는데 점점 떼쓰는 강도가 심해지고 있어요. 떼쓰기뿐만 아니라 폭력적인 모습을 보이기도 하는데, 그럴 때마다 훈육을 해야 하는지 이 시기엔 무조건 안아주고 공감을 해 주어야 하는 건지 고민이 됩니다.
- 아직 출산 전이지만 배가 커진 엄마의 모습을 보고 이제 곧 동생이 태어난다는 사실을 더 많이 느끼는 것 같아요. "동생이 생겨서 좋아?"라고 물으면 대답을 회피하거나 "아니."라고 말해요. 어떻게 하면 동생이 생긴 것을 긍정적으로 받아들일 수 있을까요?

민주 선생님's ✔Check point

- ☑ 동생이 생긴 아이, 아직 애착 형성 시기에 해당하는 것은 아닌가요?
- ☑ 동생에 대해 긍정적으로 인식할 수 있도록 적절한 도움을 주고 있나요?
- ☑ 힘들어하는 아이의 마음을 충분히 공감해 주고 있나요?
- ☑ 모든 양육자가 태어난 아이에게만 관심을 주고 있는 것은 아닌가요?

해석

동생이 태어나 가족 구성원에 변화가 생기는 것은 양육자가 상상하는 것 이상으로 아이에게 큰 충격과 스트레스가 될 수 있습니다. 아무리 이전부터 엄마 배 속에 아기가 있고 태어나면 네가 형이 될 것이고 동생에게는 어떻게 해 주어야 한다고 알려 줬지만 말로만 들은 이야기로 아이가 실제로 겪고 있는 상황을 이해하기는 어렵습니다.

동생이 생긴 후 불안감과 상실감은 아이의 기질에 따라 다양한 형태로 나타날 수 있습니다. 떼쓰고 공격행동을 하고 분리불안을 보이거나 퇴행행동을 보이기도 합니다.

이런 행동들은 온전히 자기 자신을 보호하기 위한 방어적인 행동으로 나타날 수 있으므로 훈육보다는 정서적 지원이 필요합니다. 36개월 이전의 아이는 애착 형성의 시기로 특히 주의해야 해요. 그렇다고 모든 것을 수용해 주기보다는 떼쓰는 것, 공격행동 등 안 되는 것에 대해서는 정확하게 안 된다고 알려 주되, 이런 행동을 하는 아이의 마음은 충분히 공감해 주어야 합니다. 또한 불안한 정서가 안정될 수 있도록 많이 안아주고 아이에게 집중하며 함께 보내는 시간을 가지고 천천히 동생을 받아들일 수 있도록 지원해 주는 것이 필요합니다.

 씨앗 단계 Solution

씨앗 단계 아이들은 동생이 태어나는 것에 대해 양육자가 생각하는 것 이상의 엄청난 스트레스를 받습니다. 그러나 발달이 미숙하므로 그 표현을 제대로 하지 못할 뿐만 아니라 자기감정도 정확하게 인식하지 못하기 때문에 더 힘든 상황일 수 있어요. 더욱이 애착 형성 시기이고 분리불안이 끝나지 않은 시기입니다.

양육자 역시 출산과 아기를 돌보며 매우 힘든 시간을 보내고 있겠지만, 무엇보다도 동생이 생겨 힘든 아이의 안정애착 형성이 더 우선하며, 다른 양육자의 도움을 받을 수 있다면 첫째 아이를 맡기는 것보다 둘째 아이의 보살핌을 도움받도록 하고 주양육자가 첫째 아이와 최소 24개월까지는 안정애착 형성을 할 수 있도록 최선을 다하는 것이 좋습니다.

 동생 출산 후 엄마가 처음 집에 갈 때 또는 첫째 아이와 만날 때는 다른 양육자가 태어난 아기를 안고 엄마(아이와 애착형성이 된 주양육자)는 첫째 아이를 반갑게 안아주고 온전히 관심을 줄 수 있도록 해야 합니다.

민주 선생님 Tips

새싹 단계 Solution

새싹 단계에서도 동생이 생긴 상황을 받아들이는데 시간이 꽤 걸릴 수 있습니다. 애착 형성은 아이에 따라 36개월까지 지속할 수도 있고, 동생이 생겼을 때 엄마(주양육자)에게 훨씬 집착하게 됩니다. 이때 없던 분리불안이 생기기도 하고 심하면 퇴행행동까지 보이기도 한답니다.

동생이 생긴 후 심한 스트레스를 받을 수 있으므로 되도록 아이의 마음을 많이 공감해 주고, 힘들더라도 주양육자가 짧게라도 규칙적으로 단둘이 온전히 시간을 보낼 수 있도록 하면 좋습니다. 더불어 엄마가 아닌 아빠와도 함께 보내는 시간을 늘려서 관심과 사랑을 받고자 하는 욕구, 불안감, 상실감 해소 등의 정서적 지원을 해 주세요.

 동생에 대해 긍정적으로 인식하고 받아들일 수 있도록 그림책이나 아이 자신의 아기 때 앨범, 영상을 함께 보면서 이야기를 나누는 시간을 가져보세요.

민주 선생님 Tips

열매 단계 Solution

열매 단계에서도 한층 성장한 것 같지만 그럼에도 충분한 정서적 지원이 필요합니다. 동생이 생긴 후 스트레스로 인해 잦은 갈등상황이 벌어질 수 있습니다. 동생이 있으면 아무래도 함께 있는 시간 동안 양육자는 첫째 아이보다 동생에게 손이 많이 가는 상황일 때가 많고, 이는 첫째 아이의 관점에서 보면 동생을 더 사랑하고 관심을 더 많이 준다고 생각할 수 있어요.

오로지 첫째 아이와 함께할 수 있는 시간을 가지세요. 특별한 여행이 아니라 일상에서 양육자와 단둘이(상황이 된다면 엄마, 아빠가 함께 셋이서) 빵 가게를 가거나 카페, 키즈카페 또는 서점 등에서 아주 사소한 일과라도 규칙적으로 함께하는 것이 좋아요. 이런 시간을 가진다면 훨씬 정서적으로 안정감을 느끼고 양육자가 동생에게 보내는 관심에도 예민하지 않을 수 있습니다.

부모란 자녀에게 사소한 것을 주어
아이를 행복하게 해 주도록 만들어진 존재이다.

- 오그든 내시 -

• 동생이 태어난 후 아기같이 행동하는 아이

고민내용

2개월 전 동생이 태어났는데 첫째 아이가 갑자기 기저귀를 다시 채워달라고 하고 물을 마실 때도 젖병에 넣어달라고 해서 그 젖병에 든 물을 마셔요. 이전보다 훨씬 많이 울기도 하고, 동생이 물고 있는 공갈 젖꼭지를 빼앗아 물기도 합니다. 동생이 생기면 이런 행동을 할 수 있다고는 하지만 그냥 이대로 두어도 되는 건지 걱정이 됩니다.

민주 선생님's ✔Check point

- ☑ 아기처럼 퇴행행동을 할 때 아이의 마음을 충분히 공감해 주었나요?
- ☑ 동생이 태어난 후 큰 아이와 온전히 함께 보내는 시간이 있나요?
- ☑ 온가족이 동생에게만 너무 큰 관심을 주고 있는 것은 아닌가요?

해석

동생이 태어나는 것은 양육자가 상상하는 것 이상으로 아이에게 충격으로 다가올 수 있습니다. 특히 5세 이전의 아이일 경우 자신이 느끼는 감정을 정확하게 인지하지 못하기 때문에 울거나 떼쓰는 것으로 표현하는 행동을 문제행동으로 보지 않도록 주의해야 합니다.

아이의 기질에 따라서 동생이 태어나 느끼는 감정, 불안함, 상실감 등을 떼를 쓰거나 공격행동으로 나타날 수도 있지만, 퇴행행동으로 나타날 수도 있으며 흔하게 보일 수 있는 모습입니다.

민주 선생님 Tips

퇴행행동은?
이전의 발달 단계로 돌아가려는 행동으로, 큰 충격이나 압박감, 스트레스를 받았을 때 자신의 힘든 현실에 대응하기 위한 방어기제로 나타납니다.

씨앗 단계 Solution

아무래도 시기적으로 24개월 이전의 아이라면 분리불안이 절정인 시기이고, 애착 형성이 집중적으로 이뤄져야 하는 시기입니다. 이때 주양육자를 누군가에게 빼앗겼다는 생각이 들 수 있고, 이전과 너무 다른 환경을 마주하게 되었기 때문에 충분히 나타날 수 있는 모습입니다.

사실 씨앗 단계의 아이도 동생이 생기기는 했지만 아직 아기이기 때문에 사회/정서발달의 기초가 될 수 있는 안정애착 형성을 할 수 있도록 최대한 노력해야 하고, 힘든 현실에 대응하려는 아이의 마음도 충분히 수용해 줄 수 있어야 합니다. 갑자기 아기처럼 행동한다고 야단을 치거나 "아기인가 봐."와 같이 아이의 행동을 부정적으로 평가한다면 퇴행행동은 점점 더 심해질 수 있어요.

민주 선생님 Tips

"아기처럼 하고 싶었구나. 엄마가 아기한테 ~해서 질투가 났구나. 속상했구나." 하며 아이의 마음을 수용해 주세요. 대신 기저귀를 가져다주거나 젖병을 잡아주는 행동들에 칭찬해 주고 양육자의 기쁜 마음을 표현해 주세요.

새싹 단계 Solution

아직은 자기감정에 대한 이해와 표현이 서툰 단계이므로 퇴행행동을 보일 때, 씨앗 단계의 솔루션과 같이 아이의 마음을 수용해 주면서 퇴행행동을 하지 않을 때 긍정적인 피드백을 해 주세요. 이 시기 충분히 양육자의 관심과 사랑이 필요하므로, 아직 애착 형성의 시기가 아닌 아기보다는 첫째 아이의 마음을 많이 더 보듬어 주어야 합니다. 특히 이제 막 배변훈련을 마친 아이가 소변 실수를 하거나 대변을 가리지 못한다 하더라도 스트레스로 인해 일시적으로 보이는 행동이므로 "○○가 마음이 많이 힘들었구나. 괜찮아, 누구나 실수할 수 있어." 하며 따뜻하게 이야기해 주면서 더 큰 충격이나 상처를 받지 않도록 도와주어야 합니다.

민주 선생님 Tips

애착인형이나 아기인형을 활용해 돌봐주는 역할놀이를 하면서 자연스럽게 퇴행행동을 멈출 수 있도록 하고, 양육자가 동생을 돌봐주는 행동들을 간접적으로 경험하도록 해 봄으로써 이해할 수 있도록 합니다.

열매 단계 Solution

영아기 아이들보다는 아기의 모습을 모방하는 퇴행행동은 좀 덜할 수 있지만, 언어적으로 말을 갑자기 더듬거나 애착 물건에 집착하며, 수면장애 또는 자위하는 모습 등 이전에 보이지 않던 어떤 행동을 보일 수도 있습니다.

양육자는 당황하거나 꾸짖는 모습을 보이지 않도록 하고 씨앗, 새싹 단계의 아이들보다 더 오랫동안 양육자의 관심을 받아왔기 때문에 충분히 상실감을 느낄 수 있다는 것을 이해해 주어야 합니다.

다행히 이 시기의 아이들은 언어적 소통이 가능하고 인지발달도 이뤄졌기 때문에 아이의 마음을 이해하고 공감한다는 표현을 언어적으로 충분히 해 주시고, 길지 않더라도 아기가 잘 때 큰 아이에게 온전히 집중해서 보낼 수 있는 시간을 정해 규칙적으로 가져 보세요.

아이와의 시간은 30분 정도로 길지 않아도 되지만 그 시간 동안은 온전히 큰아이에게 집중해 주세요.

민주 선생님 Tips

참을 인, 참을 인, 참을 인...
오늘 마음에 새긴 참을 인의 수만큼
아이는 성장으로 보답할 것입니다.

- 이민주 육아연구소 -

• 동생을 괴롭히는 아이

고민내용

30개월 첫째와 8개월 둘째 남자 형제를 둔 엄마입니다. 첫째가 원래도 예민한 편이긴 했는데 동생이 기어 다니기 시작하면서 동생을 때리고 밀고 꼬집는 행동을 하면서 아무 이유 없이 괴롭혀요. 또 어린이집에서도 친구를 때리고 꼬집기도 하고 친구의 놀잇감을 망가트려서 난감한 상황이 지속되고 있어요.
집에서 동생을 때리면 안 된다고 알려 주기도 하고 혼내기도 했지만 고쳐지지 않는 것 같아요. 화내지 않고 할 수 있는 올바른 훈육 방법에 대해 알고 싶어요.

민주 선생님's ✔Check point

- ☑ 첫째 아이가 주양육자와 안정애착 형성이 되었나요?
- ☑ 동생이 태어난 후 첫째 아이에게 이전보다 더 많은 관심을 주고 있는 것은 아닌가요?
- ☑ 동생이 기어다니기 시작하며 첫째 아이가 하는 놀이를 방해하고 있는 것은 아닌가요?

해석

첫째 아이는 동생이 태어나기 전까지 온전히 가족들의 관심과 사랑을 받아 왔습니다. 그러나 동생이 태어난 후에는 관심과 사랑을 반으로 나누는 것도 힘든데 가족 모두가 아마 훨씬 더 많은 관심을 동생에게 주었을 거예요. 그렇게 달라진 가족들의 모습과 자신이 느끼는 상실감과 아직 애착 형성의 시기일 경우 불안감까지 더해져 훨씬 공격적인 모습을 보일 수 있습니다.

이는 본능적으로 동생 때문이라고 생각할 수 있고 말로 설명하기는 어렵지만, 아이가 느끼는 질투심과 부정적인 감정까지 동생을 괴롭히는 것으로 표현할 수 있습니다.

또한 애착형성과 무관하게 자신의 놀이를 방해받는 경험이 반복되면 동생에 대해 부정적 인식을 갖거나 예민하게 반응할 수 있습니다.

씨앗 단계 Solution

씨앗 단계의 경우 특히 더 주의해야 합니다. 아직 애착 형성이 온전히 형성되지 않았기 때문에 분리불안도 절정에 이르는 시기입니다. 온전히 주양육자에게서 안정감을 느낄 수 있어야 하는데, 출산으로 인해 엄마와 떨어져 지낸 시간이 있었을 것이므로 불안감은 말할 수 없이 커졌을 텐데, 이러한 감정들이 해결되지 않고 시간이 지났다면 지금처럼 동생에 대한 부정적인 마음이 커졌을 거예요.

아직 언어적 표현이 미숙하므로 아이의 마음을 충분히 공감해 주고 보듬어주어 상실감과 불안감이 해소될 수 있도록 하는 것이 가장 중요해요. 그렇지 않고 아이가 보이는 공격행동에 대해서만 훈육이 이뤄진다면 절대 해결될 수 없으며 악순환이 반복될 거예요.

새싹 단계 Solution

씨앗 단계처럼 아이가 느끼는 상실감과 불안감을 먼저 해소해 주는 것이 좋습니다. 방법은 주양육자 또는 양육자가 아이와 온전히 둘만의 시간을 주기적으로 가지면서 여전히 엄마, 아빠가 큰 아이에게 많은 관심과 사랑을 주고 있다고 느낄 수 있도록 해 주세요.

그리고 동생을 괴롭히는 행동을 할 때, 특히 때리거나 꼬집는 공격행동을 했을 땐 "동생을 괴롭히는 건 아니야!"라고 낮은 목소리로 단호하게 이야기한 후 상황을 제지하고, 상황정리가 된 후에는 공격행동 대신할 수 있는 올바른 표현법에 대해서 무한 반복적으로 알려 주어야 합니다. 반대로 동생에게 긍정적인 행동을 했을 땐 칭찬과 관심을 주어 긍정적인 행동이 강화될 수 있도록 해 주세요.

 아직 자기가 느끼는 감정을 정확하게 이해하기 힘든 시기이므로, 아이가 공감할 수 있는 그림책을 통해 자기감정을 이해할 수 있도록 도와주세요.
민주 선생님 Tips

열매 단계 Solution

이 단계의 아이는 동생으로 인해 받은 상실감이나 불안감을 공격행동으로 표현할 수 있지만, 반대로 양육자에게 관심을 받고 싶어서 자신의 부정적인 감정을 숨기고 과하게 동생에게 집착하고 잘하려고 행동하기도 합니다. 그러나 이는 양육자에게 관심을 받고자 하는 욕구와 스트레스로 인해 나타나는 행동일 수 있으므로 잘 관찰해 보아야 합니다.

괴롭히는 행동을 할 땐 아이의 감정을 공감해 주고 양육자가 동생을 돌보느라 힘들어도 첫째 아이로 인해 힘낼 수 있어서 기쁜 마음으로 동생을 돌봐줄 수 있다고 알려 주세요.

반면, 공격행동을 할 땐 마찬가지로 단호하게 훈육하고, 괴롭히는 행동에 대해 훈육할 때도 관심으로 생각하고 관심을 끌기 위해 동생을 괴롭힐 수 있으므로 과한 관심은 좋지 않아요. 그러나 평소 부정적 감정이 해소될 수 있도록 최대한 아이와의 시간을 보내면서 아이 마음이 충족될 수 있도록 도와주세요.

또한 동생이 큰아이의 놀이를 방해하거나 귀찮게 하는데, 첫째 아이에게 동생이 잘 몰라서 그런 거라며 무조건 이해하라는 식의 언급은 하지 않는 것이 좋습니다. 그보다 동생 때문에 많이 속상했을 마음에 공감해 주고 둘째 아이에게도 "형한테 그러면 안 돼!" 하며 큰 아이가 보는 곳에서 정확하게 전달하는 모습을 보여 주어야 합니다. 그리고 되도록 첫째 아이의 놀이가 방해받지 않도록 도와주세요.

모든 어린이는 예술가이다,
어른이 되어서도
그 예술성을 어떻게 지키느냐가 관건이다,

- 파블로 피카소 -

• 동생과 함께 노는 것을 거부하는 아이

고민내용

두 아이를 키우는 엄마입니다. 첫째 아들이 가지고 놀고 있는 장난감을 둘째가 만지려고 하면 "안 돼!" 소리를 지르면서 짜증을 심하게 냅니다. 어떨 때는 장난감을 던지거나 만들어 놓은 블록을 손으로 쳐서 무너뜨리며 신경질을 내기도 합니다. 그럴 땐 "동생이 만져서 화가 난 거야? 동생이 뺏으려는 게 아니라 같이 놀고 싶어서 그런 거야."라고 설명을 해 주지만 소리 지르고 장난감을 던지거나 화를 내는 공격성이 매일 더 심해지고 있는 것 같아요. 어떻게 하면 기분 좋게 동생과 함께 놀이하도록 할 수 있을까요?

민주 선생님's ✔Check point

- ☑ 아이의 발달 단계를 이해하고 있나요?
- ☑ 첫째 아이의 놀이 과정을 존중해 주었나요?
- ☑ 동생과 장난감을 공유하거나 양보하도록 하거나 함께 놀이할 것을 강요한 것은 아닌가요?
- ☑ 동생의 방해를 받지 않고 활동할 수 있는 자기만의 공간이 마련되어 있나요?
- ☑ 동생에게 보이는 공격행동에 대해서는 제대로 훈육이 이루어지고 있나요?

해석

양육자는 형제자매가 사이좋게 함께 놀았으면 좋겠지만 만약 첫째 아이가 5세 이하일 때는 좀 더 시간이 필요할 수 있습니다. 왜냐하면, 아이의 발달상 아직은 타인과 함께 놀이가 어려운 단계이기 때문입니다. 5세 이하의 아이들은 자기중심적 성향이 강하고, 특히 4세 이하의 영아들은 놀이를 함께 하거나 자신의 놀이감을 나누거나 양보하는 것이 아직 어려워요.

친구와 함께 놀이하는 것도 어려운 시기에 자기 놀이를 이해하지 못하는 동생이 늘 옆에 있다면 아마 지속적인 스트레스를 받아왔을 테고 충분히 예민하게 반응할 수 있습니다. 보통 5세가 되면서 점차 타인에 관심을 갖기 시작하고 혼자 놀이하는 것보다 함께 놀이하는 것을 즐길 수 있는 단계가 된다고 보면 됩니다.

씨앗 단계 Solution

아마 씨앗 단계의 아이들은 동생이 있다고 하더라도 개월 수가 많이 어려 함께 놀이하는 것이 위험할 수 있습니다. 만약 아이가 동생과 함께 놀이하게 된다면 양육자가 옆에서 관찰해야 합니다.

반면, 동생에게 관심을 가지는 경우 조심해야 한다는 것을 알려주고, 양육자가 방어적인 태도를 보이기보다는 동생을 안전한 공간에 있도록 하고, 일정 거리 사이에는 양육자가 있는 것으로 물리적 간격을 주는 것이 동생에 대해 긍정적인 인식을 할 수 있도록 도와야 합니다.

새싹 단계 Solution

5세 이하의 아이라면 아직은 자기중심성이 강한 시기로 함께 놀이하거나 장난감을 공유하도록 훈육하는 것은 바람직하지 않아요. 사실 이때는 첫째보다는 둘째 아이를 제지하고 통제해 주는 것이 맞습니다. 첫째 아이가 형인 것은 맞지만, 아직은 전반적인 발달이 미숙하고 또 놀이가 아니더라도 동생으로 인해 받는 스트레스가 많은 시기죠. 더욱이 속상한 마음이나 불편한 상황들을 언어로 표현하기도 어려우므로, 고민 내용과 같이 아이의 발달이나 감정을 고려하지 못하고 부정적인 감정을 표출하는 행동만을 훈육한다면 오히려 공격행동, 퇴행행동 등 다양한 문제행동으로 나타날 수 있으므로 특히 주의해야 합니다.

열매 단계 Solution

동생과 함께 놀이하도록 하기보다는 동생으로 인해 놀이가 방해되지 않도록 첫째 아이의 놀이를 존중해 주어야 합니다. 공부할 때 동생이 건드리면 공부를 방해한다고 하는 것과 같이 큰 아이의 놀이는 마냥 노는 것이라고 생각하기보다 놀이를 통해 충분히 학습이 이뤄지고 있다고 여겨 주세요.

그 대신 열매 단계에서는 이제 자신의 감정을 언어로 표현할 수 있고, 또 사회성발달 단계에서도 점차 타인에게 관심을 가지고 다른 사람과 함께하는 경험이 필요합니다. 혼자 놀이하는 공간을 줄 수 있도록 해서 아이의 놀이를 충분히 존중하되, 약속을 정해 혼자 놀이하는 시간을 가진 후에는 동생과 함께 놀이하는 시간을 실천하도록 한다면 훨씬 사회성발달에 도움이 될 수 있습니다.

아이들이 무엇을 할 수 있는지
확인해 보고 싶다면
주는 것을 멈추어 보면 된다.

- 노먼 더글러스 -

• 자주 싸우는 형제자매

고민내용

7살 큰아이와 4살 작은아이가 하루에도 몇 번씩 싸우고 울고를 반복합니다. 상황을 들어보고 큰아이와 작은아이의 입장을 설명해 주고 화해할 수 있게 도와주긴 하는데, 돌아서면 또 싸우고 결국 둘 다 혼내거나 알아서 하라고 회피하게 돼요.

들어보면 별 것 아닌 것 같은데 둘 다 속상해하는 상황에서 어떻게 중재를 해야 할까요?

민주 선생님's ✔Check point

☑ 평소 다툼이 있을 때 양육자는 중재가 아닌 해결사 역할을 하고 있는 것은 아닌가요?

☑ 양육자와 기질이 더 잘 맞는 아이의 편을 들고 있는 것은 아닌가요?

☑ 양육 환경에서 아이들이 싸울 수 있는 요소들이 있는지 점검해 보았나요?

해석

아직 타인의 감정을 생각하는 사회성발달이 미숙한데 많은 시간을 함께 보내며 대부분을 공유해야 하고, 특히 양육자의 관심과 사랑을 나눠 가져야 하는 형제자매이므로 하루도 조용한 날이 없을 거예요. 형제자매의 갈등상황은 성장 과정에서 지극히 당연하고 자연스러운 것이지만, 오히려 양육자의 잘못된 해결방식으로 인해 더 큰 싸움이 될 수 있고 안 좋은 감정이 더 오래 남거나 상처를 받을 수 있답니다.

처음부터 끝까지 관찰되지 않은 상황에서 아이들의 이야기만 듣고 상황을 판단하고 잘잘못을 가리는 것은 오히려 더 나쁜 상황을 불러올 수 있습니다. '형이니까 양보해야지, 동생이 언니한테 대들면 안 돼'와 같은 언급은 형제 순위에 대해 부정적으로 인식할 수 있습니다. 되도록 속상한 마음은 공감을 해 주되 문제 해결은 둘이 직접할 수 있도록 중재자 역할만 해 주시면 됩니다.

아이들은 생각보다 쉽게 문제를 해결할 수 있어요. 다만, 누가 봐도 일방적이고 반복되는 괴롭힘이나 위험한 행동, 공격적인 행동을 한다면 반드시 제지한 후 어떤 경우에도 공격행동은 하지 않도록 양육자의 개입 및 훈육이 필요합니다.

씨앗 단계 Solution

아직은 어린 시기이기 때문에 자칫 양육자가 씨앗 단계인 동생을 보호하려는 행동으로 큰아이에게 뭐든 이해해 주라는 메시지를 주며 동생을 감싸는 행동을 할 수 있습니다. 이 시기 언어적인 표현은 미숙하지만 작은아이를 감싸는 해결방식이 반복된다면, 작은아이는 모든 것이 허용되는 것으로 착각하게 되어 큰아이에게 제멋대로 행동하게 될 것입니다. 더불어 큰아이도 또한 동생에 대해 부정적인 감정이 커질 거예요. 일방적으로 큰아이가 때리거나 밀치는 등 힘으로 제압하는 것이 아니라면 동생이 약자라고 생각하고 동생의 편에서 중재하는 것은 하지 말아야 합니다.

 아직 언어적 상호작용이 미숙하므로 놀이 또는 그림책을 통해 사이좋게 지내는 방법을 간접 경험할 수 있도록 해 주세요.

민주 선생님 Tips

새싹 단계 Solution

새싹 단계의 아이는 큰 아이일 수도 있고 동생일 수도 있고 또 손위 형제와 동생이 있는 둘째가 될 수도 있습니다.

먼저 동생과 다툴 경우에 아직 새싹 단계의 아이도 언어, 인지, 사회성 등 전반적 발달이 미숙한 단계이므로 타인의 감정을 온전히 이해하고 함께 놀이하고 양보하는 것은 어렵습니다. 씨앗+새싹 단계의 형제라면 둘이 해결하도록 하더라도 양육자가 그 자리에 함께 있으면서 아이들의 마음을 언어로 표현해 주는 것은 필요합니다.

누구 한 명의 마음을 표현하기보다는 "이 장난감 때문에 이렇게 싸워서 ○○도 속상하고 □□도 속상하지."와 같이 두 사람의 공통된 마음을 언어화해 주세요.

새싹 단계 아이가 동생일 경우 씨앗 단계의 솔루션과 마찬가지로 감싸주는 행동은 주의해야 합니다. 다만, 둘째 아이인 경우에는 다툼이 있는 상황에서 객관적인 태도를 보이더라도 혹시 양육자가 첫째와 막내보다 관심을 덜주고 있는 것은 아닌지 반드시 되돌아봐야 합니다.

 ## 열매 단계 Solution

열매 단계의 아이가 큰아이일 경우 씨앗 단계와 새싹 단계의 솔루션을 진행해 주세요. 또한 어느 한쪽에 치우쳐 중재하는 것은 금물이며 무조건 동생을 감싸는 행동을 하거나, 동생이니까 대들지 말라는 등의 큰아이를 두둔하는 행동을 하지 말아야 합니다.

큰아이는 동생들보다 언어적 표현이 가능하므로 동생 때문에 받는 스트레스는 동생이 없을 때 공감해 주세요.

열매 단계의 아이가 동생일 경우 되도록 양육자가 개입하지 않고 큰아이와 따로 떨어져 5~10분 정도 감정을 정리할 시간을 주고 다시 만나 상황을 해결할 수 있도록 해 주세요.

양육자는 큰아이의 감정보다는 싸우는 모습을 지켜보아야 하는 양육자 자신의 속상함을 전달하고, 문제가 잘 해결되었을 때에는 반대로 행복한 감정을 전달해 주세요.

만약 싸움이 벌어질 때 누구 한 명이라도 꼬집거나 때리고 무는 행동, 물건을 던지는 행동을 한다면 흥분한 아이의 행동이 큰 사고로 이어질 수 있으므로 곧바로 둘을 분리시킨 후 감정을 추스리는 것이 우선되어야 합니다. 그리고 공격행동에 대해서는 어떤 경우라도 허용될 수 없음을 단호하게 알려 주어야 합니다.

민주 선생님 Tips

충분히 의사소통이 되고 타인의 감정에도 관심을 갖고 이해할 수 있는 시기이기 때문에, 서로 함께 협동할 수 있는 과제를 주면 관계가 더 좋아질 수 있어요(예 : 함께 심부름하기, 요리 활동하기 등).

경쟁이 심한 형제자매

고민내용

두 아이를 키우고 있습니다. 언제부턴가 첫째도, 둘째도 더 잘하고 싶어 하고 더 빨리하고 싶어 하고 뭘 하더라도 경쟁을 합니다. 심지어 밥을 먹을 때도 더 빨리 먹으려고 허겁지겁 먹거나 맨밥을 먹기도 합니다.

자기 전에는 불을 누가 끄냐를 가지고 매번 싸움이 납니다. 결국 한 명은 울면서 잠들기도 하고 보드게임을 할 때도 즐겁게 시작했는데 항상 이기지 못한 아이는 기분이 상해서 안 좋게 끝이 납니다.

지는 것도 싫어하고 1등이 아니면 무조건 기분 나빠하는데 왜 이렇게 둘이 경쟁을 하는 걸까요?

민주 선생님's ✔Check point

- ☑ 양육환경에서 경쟁을 부추기는 상호작용을 한 것은 아닌가요?
- ☑ 결과물에 대한 칭찬이 이뤄지고 있는 것은 아닌가요?
- ☑ 아이와 함께 규칙을 정해 실천해 보도록 하였나요?

해석

아이들을 양육하다 보면 사소한 일이지만 씻는 것, 먹는 것, 외출 준비하는 것, 정리정돈 등 해야 할 일들이 매일 반복됩니다. 그럴 때 형제자매가 있는 경우 자연스럽게 경쟁을 부추기는 말들을 하곤 합니다.

그래서 경쟁이나 1등, 2등 순위에 집착하는 아이가 있으면 양육자는 "누가 누가 잘하나 보자, 형아는 벌써 했던데?" 와 같이 경쟁 또는 비교하는 말들을 하지 않는지 되돌아 보아야 합니다.

형제자매 간 경쟁이나 등수 때문에 갈등이 많다면 이는 친구 관계에서도 같은 모습을 보일 수 있고, 승부나 결과에만 집착할 경우 매번 1등하고 이길 수만은 없으므로 결국 자존감이 낮아지고 사회성에도 영향을 줄 수 있으므로 가정에서 아이의 행동을 수정해 주는 것이 필요합니다.

씨앗 단계 Solution

씨앗 단계의 동생은 경쟁을 하기보다는 아마 첫째 아이를 보고 대부분의 행동을 모방할 거예요. 오히려 모든 행동을 따라 하려고 하는 동생 때문에 큰 아이가 스트레스를 받고 있지 않은지 살펴 보세요.

또한 긍정적인 행동에 대해 모방할 수 있도록 칭찬하여 첫째 아이도 동생에게 모범이 되었다는 자신감을 가질 수 있도록 상호작용을 한다면 첫째 아이의 정서발달에도 도움이 될 수 있습니다.

새싹 단계 Solution

새싹 단계가 되면서부터 타인에 관심을 보이기 시작하고 특히 매일 함께 지내고 양육자의 관심과 사랑을 나눠 갖는 형제자매라면 더욱 경쟁심리가 생길 수 있습니다. 혹시 양육환경에서 경쟁을 부추기는 상호작용이나 결과물에 대한 칭찬을 습관적으로 하고 있다면 중단하는 것이 좋습니다.

예를 들어, 그림을 그렸거나 학습, 놀이를 할 때 등 어떤 결과물을 보고 "잘했네, 멋지다, 예쁘다."라는 칭찬을 하기보다 "열심히 하는 모습이 멋지다, 여러 가지 색을 사용해서 훨씬 더 예쁘게 완성됐네, 포기하지 않고 끝까지 해내다니 정말 감동이야."와 같이 과정에 대해 구체적으로 칭찬해주는 것이 바람직합니다.

그리고 2등을 했던 아이에게도 "등수는 중요하지 않아! 열심히 노력하고 포기하지 않고 끝까지 하는 모습이 훨씬 더 멋진 거야." 하고 문제가 발생하지 않은 일상에서도 늘 이런 이야기들을 전달해 주세요.

열매 단계 Solution

아마 이 단계에서 승부욕이 최고조에 달하는 모습을 볼 수 있을 거예요. 형제자매뿐만 아니라 친구와 함께하는 활동에서도 1등을 하지 못할 것 같으면 중도에 포기해버리거나 하기 싫다는 의사 표현을 하거나 끝까지 했더라도 1등 하지 못한 것에 굉장히 속상해하는 모습을 볼 수 있을 거예요.

우선 아이가 이기고 싶어 하는 마음, 속상한 마음은 충분히 수용해 주세요. 공감해 준 뒤 "어떤 놀이를 하고 게임이나, 대결을 할 땐 이길 수도 있고, 질 수도 있는 거야. 그건 ○○가 못해서가 아니라 너무나 당연한 거야. 이기고 지는 것은 중요하지 않아. 얼마나 열심히, 재미있게 참여했는지가 훨씬 중요하고 멋진 모습이란다."라고 알려 주세요.

역시나 한두 번 알려 주는 것으로는 변화하지 않겠지만 스무 번, 백 번, 무한 반복해서 알려 주면 머리로 이해하고 마음으로 받아들여 경쟁에 집착하거나 속상해하지 않는 날이 반드시 올 거예요.

이쯤되면 이제 아이들과 규칙을 정해서 실천해 보는 것도 좋은 방법입니다 처음부터 잘 지키기는 어렵지만 약속과 순서를 지켜나가는 과정을 형제 간 싸움뿐 아니라 집단생활을 할 때 지켜나가야 하는 것들을 가정에서 훈련·연습해 볼 수 있는 좋은 기회가 될 것입니다.

수면

- 재우기가 힘든 아이
- 낮잠이 힘든 아이
- 분리수면이 힘든 아이
- 자기 전 책을 계속 보여 달라는 (요구가 많은) 아이
- 밤 기저귀를 못 떼는 아이

• 재우기가 힘든 아이

고민내용

두 돌이 지난 후부터 아이 재우기가 너무 힘든 시간입니다. 두 돌 전에는 잠들기 힘들어하면 안아서 재우기도 가능했는데, 지금은 안기려 하지도 않고 말을 잘하기 시작한 후로는 계속 이야기를 하며 잠을 자려고 하지 않아요. 이야기 그만하고 자자고 하면 목이 마르다, 화장실 가고 싶다, 배고프다 요구사항이 많아지거나 떼쓰고 우는 시간이 매일 반복되는 상황입니다. 재우러 들어가서 2시간은 지나야 잠이 드니 너무 힘드네요.

민주 선생님's ✓Check point

- ☑ 초기 수면 교육이 잘 이뤄졌나요?
- ☑ 수면 시간은 적절한가요?
- ☑ 수면할 수 있는 적절한 수면환경을 제공하고 있나요?

해석

수면 교육이 필요한가에 대해서는 전문가들의 다양한 견해가 많습니다. 수면 교육이라고 하면 아이를 울려서 억지로 혼자 재운다고 오해하는 경우가 많은데 아이가 자야 하는 시간에 힘들어 하지 않고 잠이 들 수 있고, 자는 동안 숙면한 후 기분 좋게 일어날 수 있도록 하는 것이 곧 수면 교육입니다. 그러므로 수면 교육은 결국 양육자가 편하기 위함이 아니라 아이의 건강한 수면을 위한 것이라는 것을 명심해야 합니다.

다만, 아이가 태어나면서 갖게 되는 기질에 따라 수면 교육이 힘들지 않은 아이들도 있습니다. 그런 아이들은 특별한 수면 교육 없이도 생체리듬에 따라 수면이 자연스럽게 이뤄집니다.

수면의 어려움을 최대한 겪지 않기 위해서는 아이가 태어나 밤, 낮을 구분하고 등을 대고 잘 잘 수 있도록 하는 것부터 습관화되도록 하는 것이 좋습니다. 잘못된 수면방법으로 습관이 형성된 후에 그 습관을 고치는 것은 훨씬 더 어렵기 때문입니다. 그럼에도 불구하고 수면의 어려움을 겪는 상황이라면 오늘부터 당장 수면 교육을 시작해야 합니다.

수면 교육 전에는 기본적으로 아이가 잠들 수 있는 환경을 만들어 주었는지도 점검이 필요합니다. 가족들의 생활패턴은 아이 수면에 큰 영향을 줄 수 있어요. 아이가 잠자기 전 가족들이 스마트폰 사용이나 TV 시청, 신체 활동을 하는 등 불을 켜놓고 각자의 일을 하는 것은 아이가 자지 않고 함께 놀고 싶은 환경이 되겠죠. 또한 아이의 잠들기를 방해하는 호르몬이 분비되므로 피하는 것이 좋아요.

전 단계에서 이뤄지지 않은 Solution은 아이 연령과 상관없이 실천해 주세요!

민주 선생님 Tips

씨앗 단계 Solution

초기 수면 교육(돌 전)이 이뤄지지 않았을 때 수면문제를 보이기 시작하는 단계가 바로 씨앗 단계일 거예요. 아직 아이를 안아서 재우고 있다면 더 힘든 시기를 맞이하기 전에 눕혀서 재우는 것부터 시작하세요. 그리고 가장 중요한 것은 규칙적이고 일관성 있는 수면의식을 만들어 주어야 합니다.

많은 엄마들은 수면의식을 만들어야 함을 알고 있지만 실천을 못 하거나 실수하는 부분들이 있어요. 우선 자는 시간과 장소를 일정하게 하고 수면 전 규칙적인 패턴을 만들어 주는 것이 매우 중요합니다.

수면의식의 예를 들면, 수면 전 1시간 정도 활발한 동적인 놀이보다는 정적인 놀아를 하고, 따뜻한 물에 목욕한 후 로션을 바르며 가볍게 마사지를 해주고 잠옷으로 갈아입혀 조명을 낮추고 책을 읽어주거나 이야기를 들려주거나 조용한 노래를 감상할 수 있도록 한 후, 잘 자라는 인사와 가벼운 뽀뽀를 한 후 불 끄고 자도록 하는 과정입니다.

새싹 단계 Solution

이전 단계에서 수면 교육이 이뤄지지 않은 상태라면 수면으로 인해 가장 힘든 시기가 바로 새싹 단계일 거예요. 양육자가 재워서 잠들기는 지난 시기이고, 스스로 잠드는 연습은 전혀 되지 않은 상태에서 체력은 좋아졌고 자아는 형성되어 가기 때문입니다.

수면 문제가 없는 가정이라면 상관없지만 아이 재우기가 어렵다면 힘들더라도 수면 교육이 잘 형성될 때까지는 전체 가족들의 도움이 필요합니다. 불을 끄고 함께 잠자리에 눕거나 아이가 잠들 때까지는 자는 환경(거실에서 나는 소리, 불빛 소등)을 만들어 주어야 해요.

수면의식이 이뤄졌고 수면 환경도 세팅되었다면 '자야 한다'는 메시지를 주는 자극도 최소화하는 것이 좋아요. 엄마, 아빠가 자는 척하면 말도 걸고 장난도 걸고 몸 위에 올라오기도 하고 눈을 뜨라고 하거나 요구사항이 많아질 거예요. 잠자리에 들기 전에 모든 것을 해 주었다면 무조건 반응하지 않아야 합니다. "아니야, 자는 시간이야."도 한 번, 두 번으로 끝내야지 계속해서 아이의 행동에 대해 제지하는 말이나 훈육하는 말이 이뤄지면, 그 또한 아이를 자극하고 수면 시간 늦추기에 성공했다고 느끼며 계속 이어질 거예요. 아이가 굴러다니면 제자리로 옮기거나 안아서 제지할 때도 있는데, 그것도 자극이 될 수 있으므로 위험하지 않은 선에서는 굴러다니게 두는 것이 좋아요. 또한, 아이 중 만져줘야 잘 자는 아이가 있고 스스로 애착물건을 가지고 잠들 수 있는 아이들이 있어요.

잘 관찰해서 아이를 건드리거나 만지는 것이 자극이 되는 것은 아닌지 잘 구분해야 합니다. 3주 동안은 1~2시간이 걸릴 수도 있지만, 포기하지 말고 일관성 있게 3주를 실천하고 나면 대부분 수면 습관이 잘 형성될 수 있습니다.

열매 단계 Solution

열매 단계 정도가 되면 아이들의 자율성이 발달하면서 스스로 뭔가 하려는 욕구나 자기주장이 강해져 '나는 자지 않겠다! 졸리지 않다! 엄마, 이렇게 해달라, 저렇게 해달라. 이거만 하고 자겠다.'라는 등의 협상 형태로 수면 문제를 나타내기도 합니다. 우선, 수면의식 전에 아이가 요구할 수 있는 상황들은 미리 예측하고 물 마시는 것, 배고프지 않게 배를 채워주는 등의 문제를 해결합니다. 그 외 약속한 것보다 책 하나만 더 보겠다, 노래 하나만 더 부르겠다, 10분만 더 놀겠다는 요구는 들어주지 않아야 해요. 다양한 요구사항은 '잠자기 싫어!'라는 표현입니다.

또한, 기질적으로 말이 많은 아이들이 있는데, 이런 아이들은 수면의식 전에 충분한 대화를 나눈 후 잠자리로 가야 합니다. 이렇게 허용되지 않는 것을 분명하게 인지한 후에는 아이가 더 이상 요구하지 않고 자야 할 시간을 알고 스스로 수면을 준비할 수 있게 됩니다. 규칙적인 수면 시간, 수면의식과 일관성 있는 양육자의 태도가 중요함을 명심하세요.

민주 선생님 Tips

시계의 숫자 옆에 특징적으로 할 일을 표시해 두세요. 8시 수면이라면 8 옆에 스티커를 붙이거나 글자를 써서 붙여두고, 아이에게는 적어도 10분 전에는 하던 놀이를 정리하고 미리 자야 할 시간임을 예측하여 마음의 준비를 할 수 있도록 알려 주세요.

• 낮잠이 힘든 아이

고민내용

- 밤잠은 잘 자는데 낮잠은 너무 재우기가 힘이 듭니다. 낮잠 시간만 되면 자지 않으려는 아이와 씨름하게 되니 재우지 말아야 하나 고민이 되기도 합니다. 아기들에게 낮잠도 중요하다고 하는데 최소 어느 정도 재우는 것이 적당할까요?
- 낮잠을 재우지 않으면 피곤해서 그런지 오후 시간을 너무 힘들어하는데 낮잠을 재우면 밤잠을 자지 않으려 합니다. 어떻게 조절해야 할까요?

민주 선생님's ✔Check point

- ☑ 밤 수면 시간과 아침 기상 시간이 규칙적으로 진행되고 있나요?
- ☑ 식사하는 시간이 규칙적으로 이뤄지고 있나요?
- ☑ 낮잠 시간도 규칙적으로 이뤄지고 있나요?
- ☑ 아이 발달에 따라 활동량은 적당한가요?

해석

영유아 시기의 낮잠은 매우 중요합니다. 낮잠은 아이들의 건강한 성장과 뇌 발달을 도울 수 있습니다. 하지만 아이의 연령에 따라 낮잠 간격과 수면 시간은 차이를 두어야 합니다. 낮잠으로 인해 밤잠 시간이 늦어질까 걱정하는 경우가 많은데, 만 3세 이후 아이들은 오후 3시 이전에 낮잠을 잘 수 있도록 하여 밤잠에 영향을 주지 않도록 해야 합니다.

다만, 기질적으로 잠이 많은 아이도 있고 잠이 없는 아이도 있으므로 내 아이의 하루 컨디션을 관찰하여 어느 정도의 낮잠 시간이 필요한지 체크해야 합니다.

낮잠 수면 전에도 밤잠과 마찬가지로 항상 규칙적이고 일관된 수면의식을 진행하는 것이 좋습니다. 목욕을 하지는 않더라도 식사 후 양치질을 하고, 정적인 놀이를 30분 정도 즐기면서 소화를 시키고, 로션으로 가볍게 마사지하고 수면하기 편안한 옷으로 갈아입은 후 자장가를 들으며 낮잠을 자는 정도로 진행하면 됩니다.

민주 선생님 Tips

간혹 아이가 낮잠을 아예 자지 않았음에도 평소보다 에너지가 넘치고 과격한 모습을 보일 때가 있는데, 이때에는 아이가 잠이 없는 것이 아니라 잠을 자지 못해 흥분 상태가 되었음을 알아야 합니다. 성인도 너무 피곤하면 잠들기가 힘들듯이 아이들도 마찬가지로 잠이 들기까지 더 힘들어할 수 있어요.

씨앗 단계 Solution

돌 이전의 아이라면 되도록 오전, 오후 2회로 나눠 두 번의 낮잠을 자도록 하는 것이 좋아요. 이 시기 아이들은 특히 낮잠이 중요하기 때문에 반드시 아이가 낮잠을 잘 수 있는 환경을 제공해 주는 것이 필요합니다.

신생아기를 지나 밤낮을 충분히 구분할 수 있다면 낮잠 시간에도 조명을 어둡게 하여 쉽게 잠들 수 있도록 도와야 합니다(어둡게 하지 않아도 잘 자는 아이들은 그대로 진행하면 됩니다).

평소 아이가 좋아하는 애착 물건을 제공하고 가벼운 스킨십으로 좀 더 쉽게 잠들 수 있도록 해 주세요. 아이마다 머리카락이나 눈썹을 만져주거나 등을 토닥여주는 등 어떤 행동을 했을 때 잠드는 데 도움이 되는지도 파악하면 훨씬 수월하게 낮잠을 재울 수 있어요. 단, 안거나 업어 재우는 행동은 낮잠 시간에도 밤잠 시간에도 하지 않는 것이 좋습니다.

민주 선생님 Tips

이 시기 대부분 오전 낮잠이 사라지고 점심 식사 후부터 3시 이전 시간에 2시간 정도 자는 것이 가장 좋습니다.

새싹 단계 Solution

대체로 새싹 단계쯤 어린이집 등원을 시작하는 경우가 많은데 기관에 다니게 되면 아무래도 규칙적인 일과가 이뤄지기 때문에 낮잠 수면에 대한 어려움을 덜 느낄 수 있어요.

그러나 기관에 다니지 않는다고 하더라도 되도록 아침에 일어나는 시간, 밤잠 자는 시간, 식사시간을 규칙적으로 하여 집에서도 일과가 안정될 수 있도록 해 주는 것이 좋습니다(아이 컨디션에 따라 30분 정도 차이는 날 수도 있어요).

낮잠 시간은 돌 이후의 아이라면 오후 낮잠 1회로 자연스럽게 줄일 수 있으나(아이마다 개인차가 있으므로 아직까지 낮잠 2회를 자기도 함) 최소 하루 한 번 이상은 낮잠을 잘 수 있도록 하는 것이 좋아요. 아이가 졸려 할 때 재우는 것이 아니라 아침에 기상하여 식사와 놀이가 규칙적으로 이뤄질 수 있도록 하고, 되도록 30분 이상 바깥 활동을 하여 햇볕을 쬐고 활동량이 충분할 수 있도록 해야 합니다. 그리고 점심 식사 후 30분 정도 정적인 놀이를 하고 규칙적인 시간에 수면의식을 한 후 수면환경이 조성되어 있는 잠자는 장소에서 낮잠을 잘 수 있도록 합니다.

민주 선생님 Tips

낮잠은 최소 5세 이전까지는 아이의 건강한 성장 발달을 위해 필요합니다.

열매 단계 Solution

열매 단계에서는 보통 낮잠을 재우지 않는 양육자가 많습니다. 그런데 되도록 짧게라도 낮잠을 잘 수 있도록 하거나 누워서 휴식할 수 있는 시간을 가지는 것이 아이의 성장뿐 아니라 집중력, 뇌발달에도 도움이 될 수 있다고 합니다.

아이가 낮잠 자기를 힘들어한다면 억지로 재우려고 하지 말고 낮잠 시간이라는 인식보다는 휴식시간이라는 인식을 줄 수 있도록 하여 낮잠에 대한 압박이나 스트레스를 받지 않도록 해 주세요. 그 대신 휴식시간도 일과 중 정해진 시간 동안에 같은 장소에서 조명을 낮추고 자장가를 켜서 규칙적으로 휴식하도록 하는 것이 좋습니다.

어떤 날은 진행하고 어떤 날은 그냥 지나가게 되면 오히려 아이에게는 그 시간이 당연한 시간이 아니라 피하고 싶은 시간이 될 수 있으므로 주의해야 합니다.

민주 선생님 Tips

아이들은 어두운 공간에 가만히 누워서 휴식하는 것이 의외로 힘들 수 있어요. 무조건 낮잠 시간, 휴식시간이므로 누워 있도록 강요하지 말고 왜 휴식이 필요한지, 우리 몸에 어떤 영향을 줄 수 있는지, 휴식하지 않으면 어떤 어려움이 있는지에 대한 수면 교육이 이뤄진 후 아이가 수용할 수 있도록 하는 것이 바람직합니다.

• 분리 수면이 힘든 아이

고민내용

태어난지 얼마 안 된 동생이 밤낮이 바뀌어 아직 수면이 힘들어요. 그래서 함께 자는 첫째도 잠을 설치는 상황이라 분리 수면을 하려고 하는데, 시도는 해 봤으나 아이가 너무 힘들어하는 것 같아요.

분리 수면 하기 전에도 충분히 아이와 이야기를 나누었고 아이도 자기 방에서 자겠다고 말은 했지만 밤만 되면 힘들어하는 상황이어서 다시 같이 재워야 할지 적응을 시켜야 할지 고민이 됩니다.

민주 선생님's ✔Check point

☑ 안정애착 형성이 이뤄졌나요?

☑ 애착 형성/분리불안 시기에 분리 수면을 시도한 것은 아닌가요?

☑ 아이가 충분히 받아들일 수 있는 준비가 되었나요?

☑ 아이가 안정감을 느낄 수 있도록 수면 환경을 만들어 주었나요?

해석

분리 수면은 시기가 매우 중요합니다. 애착 형성/분리불안과 연관이 있기 때문에 6~36개월 사이에 분리 수면을 시도하는 것은 피해야 합니다. 즉, 분리 수면의 적절한 시기는 생후 6개월 이전 또는 생후 36개월 이후 아이가 준비되었을 때 시도해 보는 것이 좋습니다.

분리 수면은 필수는 아니지만 아이가 양육자, 동생 등 수면 환경으로 인해 숙면을 할 수 없거나 양육자가 아이의 수면으로 인해 숙면을 할 수 없다면 분리된 환경에서 모두 질적인 수면을 할 수 있도록 해야 합니다.

6개월 이전의 아기를 분리수면할 때는 특히 안전하게 수면할 수 있는 환경 세팅이 중요합니다.

YouTube 채널 <이민주 육아상담소> ▶

초기 수면교육 이론편/실기편 영상을 참고하세요.

씨앗 단계 Solution

씨앗 단계는 애착 형성 시기이므로 분리 수면을 시도하는 것은 바람직하지 않습니다. 애착 형성이 이뤄지는 시기 동안은 주양육자와 떨어질 때 분리불안 증상을 보이는 것은 자연스러운 모습입니다.

이전에 분리 수면을 하고 있던 아이들도 이 시기가 되면 갑자기 불안감을 느끼며 분리 수면을 힘들어할 수 있어요. 그러므로 애착 형성의 시기인 36개월까지는 분리 수면을 시도하지 않도록 합니다.

분리 수면은 분리불안을 보이기 전인 생후 6개월 이전에 시도하거나 애착 형성이 끝난 생후 36개월 이후 시도해야 합니다. 단, 36개월 이후의 아이는 분리 수면에 대해 스스로 받아들여야 시도할 수 있습니다.

새싹 단계 Solution

애착 형성은 보통 두 돌까지 이뤄진다고 하지만 아이의 발달 속도에 따라 36개월까지는 애착 형성 시기일 수 있으므로 분리불안의 모습을 보일 수 있습니다. 36개월 이후 아이가 분리 수면에 대해 크게 힘들어하지 않는다면 시도해 보아도 좋으며, 힘들어한다면 충분히 시간을 갖고 시도해야 합니다. 분리 수면 시 애착 인형이나 이불, 물건이 있다면 활용하는 것이 좋아요. 또한 양육자와 한 침대에서 자던 아이라면 한 공간에서 침대를 (자는 공간) 분리하는 것에서부터 점진적으로 시도해 보세요.

동생이 태어났거나 이사, 어린이집 이동 등 아이가 적응해야 할 사건들이 있다면, 분리 수면은 동시에 진행하기보다 아이가 새로운 환경에 충분히 적응한 이후로 미뤄주는 것이 좋습니다.

열매 단계 Solution

대부분 열매 단계가 되면 분리 수면을 시도하게 됩니다. 분리불안이 사라졌다면 언제든 분리 수면을 시도해도 좋습니다. 다만, 기질에 따라 분리 수면에 적응하기까지 시간이 오래 걸리는 아이들이 있어요. 분리 수면 전에는 아이와 충분히 이야기를 나누고 아이가 동의할 때 시도하는 것이 좋아요.

만약 동의하지 않는다고 하더라도 마냥 기다리기보다는 아이의 공간에 아이가 좋아하는 물건들을 고르도록 하여 함께 꾸며보고 구성해 보면서 정서적으로 안정을 느낄 수 있는 인형이나 식물, 수면등 같은 것들을 비치해 두면 도움이 될 수 있어요.

분리 수면을 시도할 때는 처음부터 문을 닫고 혼자 자도록 하기보다는 아이가 잠들 때 양육자가 옆에서 도움을 줄 수 있도록 하고, 적응이 되면 문을 열어두어 문 앞에서 지켜볼 수 있도록 합니다. 이것도 적응이 되면 혼자 잘 수 있도록 충분히 연습할 수 있는 시간을 제공하세요.

너무 완벽하게 잘해내려고 애쓰지 않아도 됩니다,
그냥 존재만으로도 충분한 것이
'엄마'이고, '아빠'입니다,

오늘 하루도 완벽한 엄마, 아빠가 아닌
곁에서 있어 따뜻하고 편안함을
온전히 느낄 수 있게 해 주세요,

- 이민주 육아연구소 -

• 자기 전 책을 계속 보여 달라는(요구사항이 많은) 아이

고민내용

수면 전에 책을 보여 주면 좋다고 해서 잘 준비를 마치면 책을 읽어 주고 있어요. 그런데 문제는 책을 끝없이 읽어 달라고 합니다. 한 권만 더, 마지막한 권만 더 하다 보면 1시간 동안 책을 읽느라 자는 시간이 늦어지기도 하고, 아이가 책 보는 걸 좋아하는데 무조건 안 된다고 하기도 고민이 됩니다. 계속 읽어 주는 것이 맞는 건가요?

민주 선생님's ✓Check point

- ☑ 일관된 수면의식을 진행하고 있나요?
- ☑ 수면 전 지켜야 할 것들에 대한 약속을 정했나요?
- ☑ 평소 양육자가 아이의 요구에 일관성 있게 대처하고 있나요?

해석

수면 전에는 규칙적인 시간에 일관된 수면의식이 필요합니다. 그중 책 읽기나 이야기를 들려주는 과정은 아이들의 정서에도 도움이 될 수 있어요. 그래서 수면의식으로 책 읽어 주는 것을 추천하기도 합니다.

양육자도 아이가 자기 전에 더 놀겠다고 하면 단호하게 안 된다고 이야기할 수 있지만, 책을 보겠다고 하면 왠지 안 된다고 하기 어려워하는 모습을 볼 수 있어요. 아이가 자기 전에 책 한 권 더 보고 싶다고 할 때 정말 한 권만더 보고 싶어서 그러는 것인지 아니면 매번 책을 보는 것으로 잠들기 전 실랑이를 벌이는 것인지 살펴 보세요.

아이가 책이 보고 싶은 것이 아니라 잠자는 시간을 늦추고 싶은 것이라면 조절을 해야 합니다. 간혹 조금 더 보고 싶어 하고 한 권 더 보고 마무리하는 것으로 조절할 수 있다면, 책 한두 권 더 읽어 준다고 문제가 되진 않습니다. 하지만 잠자는 시간을 늦추고 싶은 수단이거나, 한두 권 더 읽는 것으로는 조절이 되지 않아 자주 어려움을 겪고 있다면 적절한 대처가 필요합니다.

씨앗 단계 Solution

양육자가 일관성 있게 지켜나갈 수 있는 수면의식을 정하고 실천해야 합니다. 아직 언어 표현이 가능하지 않으므로 언어적 요구가 많지는 않겠지만, 걸어 다니기 시작하면서 이전보다 자기 신체 조절 능력이 발달하여 스스로 일어나 앉거나 장난감을 가지고 놀거나 돌아다닐 수 있어요.

아이가 자는 공간에서는 아이 손에 닿거나 눈에 보이는 곳에 장난감이나 책을 두지 않는 것이 좋아요. 수면의식 후에는 불을 끄고 자는 시간임을 양육자의 일관된 행동으로 알려줄 수 있도록 훈련해야 합니다.

새싹 단계 Solution

새싹 단계부터 자기 요구를 적극적으로 하기 시작하는 경우가 많습니다. 마찬가지로 양육자가 일관되게 실천할 수 있는 수면의식을 정하고 수면의식 전에 아이가 평소 자주 요구하는 것들은 반드시 해결해 준 후 수면의식을 시작하는 것이 좋습니다.

수면 교육에서 그림책을 보여주되, 무한정 아이가 잠들 때까지 읽어 주기보다는 3~4권의 분량을 정하고, 다 읽은 후에는 잘 수 있도록 합니다. 또한 이 시간에는 아이가 책을 들고 스스로 보는 것보다는 양육자가 책을 들고 보여줌으로써 자칫 놀이가 되지 않도록 주의해야 합니다.

책을 다 읽어 준 후에는 아이 손에 닿지 않게 두도록 하고, 책 읽기가 마무리되었음에도 떼를 쓰고 울거나 조절이 되지 않는다면 수면의식에서 책 읽기는 빼는 것이 좋습니다.

열매 단계 Solution

이 시기에는 자기 전 요구사항에 대해서는 들어줄 수 없음을 정확하게 이야기하고, 그 대신 잠자리에 들기 전에 원하는 것들을 스스로 할 수 있도록 해주세요. 또 수면 전에 하는 수면의식은 양육자가 일방적으로 정하는 것이 아니라 아이와 함께 정하고 꼭 해야 할 것과 하지 말아야 할 것에 대한 규칙도 정해 보세요. 그리고 수면의식에 아이가 원하는 것을 추가하여 기분 좋게 잠자리에 들게 해 주세요.

수면의식으로 책을 읽어 주었을 때, 마찬가지로 약속을 지키지 못하고 조절하지 못함으로써 늘 기분 좋게 잠드는 것이 힘들다면 수면의식에서 책 읽기는 빼야 합니다.

잠자리에서 책을 읽지 말고 거실 또는 놀이방에서 잠자기 전 놀이시간에 책을 충분히 읽은 후 수면의식을 하고 잠자리로 이동하세요.

잠자리에서 요구가 많은 아이라면 잠자는 장소로 이동하기 전에 모든 것을 다 해결하고, 약속된 잠자리로 이동하는 것이(잠자는 곳에서는 잠만 잘 수 있도록) 아이의 수면을 조절하도록 도와주는 방법입니다.

주말을 지내고 온 아이가 말했어요.
"선생님, 주말 동안 내가 얼만큼 행복했는지 알아요?"
"어떻게 행복했을까?"

"우리 엄마가 나한테 사랑한다고 4번이나 말해 주고
우리 아빠가 나한테 사랑한다고 2번 말해 줬어요.
그런데 아빠는 내가 먼저 사랑한다고 했더니
아빠도 나를 사랑한대요.
내가 사랑한다고 말해줘서 아빠도 지금쯤
엄청 행복하겠죠?"

이렇게 사랑을 배웁니다.
오늘도 아이에게 '사랑한다' 꼭 표현해 주세요

- 이민주 육아연구소 -

• 밤 기저귀를 못 떼는 아이

고민내용

배변훈련을 시작하고 수월하게 낮 기저귀를 뗐어요. 문제는 밤 기저귀인데 처음에는 아이가 기저귀를 거부해서 밤에도 팬티를 입혀 재웠어요. 그런데 며칠 동안 실수를 반복해서 어쩔 수 없이 다시 기저귀를 채웠습니다.

여전히 아이는 기저귀 차는 것을 싫어하지만 매일 실수를 하다 보니 아직은 연습을 더 해야 한다고 알려 주고 있어요.

아이가 원하는 대로 팬티를 입히고 새벽에 깨워서 화장실을 다녀와야 하는 건지 아니면 지금처럼 좀 더 기다려 줘야 하는 것인지 궁금합니다.

민주 선생님's ✓Check point

- ☑ 양육자 중 누군가 늦게까지 기저귀를 착용하거나 배변실수를 종종했던 것은 아닌가요?
- ☑ 자기 전에 수분섭취의 조절이 이뤄지고 있나요?
- ☑ 자고 일어나서 기저귀가 젖지 않은 날이 일주일 이상 지속한 후 기저귀를 뺐나요?

해석

배변훈련은 아이마다 시작하는 시기도 완료되는 시기도 다릅니다. 어떤 아이들은 일주일 만에 낮, 밤 기저귀를 모두 떼는 아이들이 있지만, 어떤 아이들은 6개월 이상 걸리기도 합니다. 우선 밤 기저귀를 떼는 것이 힘든 아이들은 몇 가지 요인들을 점검해 봐야 합니다.

만약 엄마, 아빠 중 누군가 어릴 때 늦게까지 기저귀를 착용했거나 대소변 실수를 했던 사람이 있다면 유전적인 영향으로 아이도 늦게 떼거나 실수할 수 있어요.

또한 배변훈련 중 스트레스를 받거나 혼났던 경험이 있다면 오히려 밤 기저귀를 떼는 것에 압박감을 가질 수 있으므로 주의해야 합니다. 그리고 아이가 자기 전에 물이나 음료, 우유, 과일 등 수분 섭취량이 많다면 당연히 수면하는 동안에 조절이 힘들 수 있으므로 수면 전 수분섭취도 조절해 주세요.

밤 기저귀는 특별히 훈련해야 하는 것은 아닙니다. 시간이 지나면 자연스럽게 해결될 수 있으므로 조급함은 금물입니다.
민주 선생님 Tips   밤 기저귀를 뗐다가 최근 실수하는 일이 잦다면 동생이 태어나거나 이사를 하거나 유치원을 옮기는 등 아이가 일시적으로 스트레스를 받을 만한 사건이 있었는지도 확인해 보세요.

씨앗 단계 Solution

씨앗 단계 아이들은 이제 막 배변훈련을 시작하거나 배변훈련 전인 아이들이 많은 시기여서 사실 밤 기저귀를 떼는 것은 좀 더 후에 고민해야 합니다. 배변훈련을 시작하더라도 밤 기저귀를 채워서 아침에 일어났을 때 기저귀가 젖지 않는 날이 일주일 이상 지속되면 아이와 충분히 이야기 나눈 후 기저귀를 빼주세요.
반면, 혹시나 하는 마음에 너무 오래도록 기저귀를 채워두는 것도 좋지 않으므로 아이가 소변 조절이 가능하다면 방수천을 깔아주되 기저귀는 적절한 시기에 중단하는 것도 필요합니다.

새싹 단계 Solution

새싹 단계 아이들은 이제 막 기저귀를 뗐거나 배변훈련 과정 중에 있을 거예요. 대부분 낮 기저귀보다는 밤 기저귀 떼는 데 시간이 걸리기 때문에 좀 더 기다려 주세요. 이때 아이에게 스트레스를 주거나 실수했을 때 혼났던 경험으로 인해 좌절감을 느끼도록 해서는 안 됩니다.
대부분의 아이들은 특별한 훈련 과정 없이도 자기 전 수분섭취를 조절하는 것만으로도 자연스럽게 밤 기저귀를 뗄 수 있으므로 너무 조급하게 생각하지 않으셔도 됩니다.

실수를 하는데도 불구하고 아이가 팬티를 입고 싶어 한다면 기저귀 위에 아이가 좋아하는 팬티를 입을 수 있도록 해 주세요.

민주 선생님 Tips

 열매 단계 Solution

열매 단계에서는 대부분의 아이가 기저귀를 착용하지 않을 시기이지만 또래보다 늦게까지 기저귀를 하고 있다면 양육자는 걱정이 되기 마련입니다. 그렇지만 아이가 스트레스를 받지 않고 편안한 마음을 가질 수 있도록 해 주어야 합니다.

배변훈련은 아이의 심리 상태가 많이 반영되기 때문에 특히 조심해야 해요. 아침에 일어나거나 낮잠을 잔 후 일어났을 때 아이가 실수를 했더라도 누구나 실수할 수 있고 잘못한 것이 아니라고 안심시켜 주어 좌절감을 느끼지 않도록 해 주어야 합니다.

예민한 아이의 경우 압박감이나 스트레스로 인해 수면장애를 겪을 수도 있으므로 주의해야 합니다. 그리고 지나치게 실수가 잦다면 혹시 병리적인 문제가 있는 것은 아닌지도 한 번 점검해 보세요. 방광염이나 신장염 등 병리적인 요인이라면 적절한 치료가 이뤄질 수 있도록 해야 합니다.

밤 기저귀를 떼지 못하거나 실수하는 것을 '야뇨증'이라고 하는데, 만 5세 이후에도 잠자는 동안 지속해서 소변을 가리지 못하는 것을 말합니다. 즉, 만 4세 이전의 아이는 야뇨증에 해당하지 않으므로 좀 더 기다려 주세요.

민주 선생님 Tips

** Epilogue

[세상 모든 부모와 아이들을 응원합니다]
오늘 하루도 육아하느라 수고 많으셨습니다.

내 아이의 몸과 마음이 건강하게 성장할 수 있도록 양육자의 몸과 마음을 먼저 챙겨주세요. 좋은 에너지를 가지고 육아한다면 그 에너지는 분명 아이에게 전달될 것입니다. 내일은 한 번 더 안아주고 한 번 더 "사랑해, 소중해, 고마워."라고 말하며 눈 맞춤해 주세요. 그리고 함께 육아하는 육아동지, 배우자에게도 "수고했어요, 충분해요, 감사해요."라고 토닥여 주세요.

당부의 말 한 마디...
아이를 키우다가 너무 지치고 힘들 때, 답을 찾지 못할 때는 꼭 주변에서 도움을 받을 수 있도록 해 보세요. 상담도 좋고 아이의 기질검사나 양육태도 검사 등 필요한 검사를 받아보는 것도 추천합니다. 너무 오랫동안 문제를 해결하지 못하고 고민한다면 아이를 키우는 부모도, 부모가 온 세상인 아이도 상처가 깊어질 수 있습니다. 잠깐 멈춰 주변을 잠시 바라볼 수 있다면 답을 찾을 수도, 도움을 받을 수 있는 방법들이 너무도 많다는 것을 알 수 있을 것입니다. 그리고 충분히 애쓰고 있고 잘할 수 있습니다.
〈이민주 육아연구소〉는 세상 모든 부모와 아이들을 응원합니다.

좋은 책을 만드는 길
독자님과 함께하겠습니다.

민주선생님's
똑소리나는 육아 - 우리 아이 훈육편 -

초 판 4 쇄 발행	2023년 11월 15일(인쇄 2023년 10월 05일)
초 판 발 행	2021년 04월 30일(인쇄 2021년 04월 06일)
발 행 인	박영일
책 임 편 집	이해욱
저 자	이민주
편 집 진 행	윤진영
표 지 디 자 인	조혜령 · 권은경
편 집 디 자 인	하한우 · 임은영
발 행 처	시대인
공 급 처	(주)시대고시기획
출 판 등 록	제10-1521호
주 소	서울시 마포구 큰우물로 75 [도화동 538 성지 B/D] 9F
전 화	1600-3600
팩 스	02-701-8823
홈 페 이 지	www.sdedu.co.kr
I S B N	979-11-254-9597-0(13590)
정 가	15,000원

'시대인'은 종합교육그룹 '(주)시대고시기획 · 시대교육'의 단행본 브랜드입니다.